工程造价全过程管理 系列丛书

工程结算与决算

GONGCHENG JIESUAN YU JUESUAN

方春艳 ◎ 主编

中国电力出版社
CHINA ELECTRIC POWER PRESS

内 容 提 要

竣工结算是指施工企业按照合同规定的内容全部完成所承包的工程，验收质量合格，并符合合同要求之后，向发包单位进行的最终工程价款结算；工程决算是以实物数量和货币指标为计量单位，综合反映竣工项目从筹建开始到竣工交付使用为止的全部建设费用、建设成果和财务情况的总结性文件。本书主要内容有工程结算及其编制、工程结算审查、工程结算书的编制、工程竣工决算及其编制、工程竣工决算的审查等内容。

书中依据结算、决算的规则和程序编写，并用相应的实例加以说明，步骤清晰、通俗易懂、应用性强，适用于施工单位造价人员、造价咨询公司造价人员和建设单位相关管理人员参考。

图书在版编目（CIP）数据

工程结算与决算/方春艳主编. —北京：中国电力出版社，2016.1（2019.9重印）
（工程造价全过程管理系列丛书）
ISBN 978-7-5123-8040-0

Ⅰ.①工… Ⅱ.①方… Ⅲ.①建筑经济定额 Ⅳ.①TU723.3

中国版本图书馆 CIP 数据核字（2015）第 158813 号

中国电力出版社出版发行
北京市东城区北京站西街 19 号 100005 http：//www.cepp.sgcc.com.cn
责任编辑：王晓蕾 联系电话：010-63412610
责任印制：杨晓东 责任校对：李 楠
三河市航远印刷有限公司印刷·各地新华书店经售
2016 年 1 月第 1 版·2019 年 9 月第 6 次印刷
787mm×1092mm 1/16·17.25 印张·399 千字
定价：45.00 元

前　　言

工程造价控制管理是一项系统工程，需要进行全过程、全方位的管理和控制，即在投资决策阶段、设计阶段、建设项目发包阶段、建设实施阶段和竣工结算阶段，把工程预期开支或实际开支的费用控制在批准的限额内，以保证项目管理目标的实现。造价控制是工程项目管理的重要组成部分，且是一个动态的控制过程。只有有效控制了工程造价，协调好质量、进度和安全等关系，才能取得较好的投资效益和社会效益。

为了有效控制工程建设各个环节的工程造价，做到有的放矢，应对不同的阶段采取不同的控制手段和方法，使工程造价更趋真实、合理，并有效防止概算超估算、预算超概算、结算超预算现象的发生。具体来说，对应各个阶段的造价工作主要包括工程估算、设计概算、施工图预算、承包合同价、竣工结算价、竣工决算等。

其中，投资估算阶段，投资估算应由建设单位提出，事实上，由于建设单位通常不是投资估算和造价专业人员，对工艺流程及方案缺乏认真的研究，而且工程尚在模型阶段，易造成计价漏项，如果再没有动态的方案比优，那么估算数据是难以准确的；设计阶段，工程项目的设计费虽然是总投资的 1％，但是对工程造价的实际影响却占了 80％之多，往往是业主或是设计单位，未真正做到标准设计和限额设计，存在重进度和设计费用指标，而轻工程成本控制指标的问题；在招投标阶段，编制标价时，常常存在没有对施工图准确解读，造成施工图预算造价失真的情况，由此为以后工程索赔埋下了伏笔；施工实施阶段，对工程项目的投资影响相对较小，但却是建筑产品的形成阶段，是投资支出最多的阶段，也是矛盾和问题的多发阶段，合作单位常常是重一次性合同价管理，而轻项目全过程造价管理跟踪，从而引发造价争议；工程结算时则主要涉及漏项、无价材料的询价等问题。

由此可知，造价全过程管理是一项不确定性很强的工作。由于造价贯穿于工程管理的始终，任何环节出了问题都会给工程造价留下隐患，影响工程项目功能和使用价值，甚至会酿成严重的造价事故，只有遵循客观规律，重视各个环节的造价监督与控制，从根本上消除造价缺陷与隐患，才能确保整个工程项目顺利高效地进行。

对于造价相关人员来讲，每一个阶段都需要根据不同情况来作分析、研究，以精准地计算、编制以及控制工程造价。实际工作中，无论是建设单位还是施工单位，亦或是造价咨询单位的造价人，除了按照必要规范和文件进行编制以外，也应该参考经验性的指导资料来辅助工作，而参考书籍是很好的途径。从图书市场上研究和分析，能把造价工作拆分做细的造价资料还是比较少的，从差异中求发展，如果将建设工程造价内容按阶段划分，分别去讲述和研究，应该对造价管理有针对性的作用，也会提升实际工程建设的经济效益。

本丛书正是根据此需求来编写的，对于建设单位、施工单位、设计单位及咨询单位从事工程造价工作的人员认真细致地做好相关工作具有很重要的参考价值。

本书在编写过程中得到了众多业内人士的大力支持和帮助，在此表示衷心的感谢。由于时间紧迫，加之水平有限，编写过程中还存在不足之处，望请广大读者朋友批评指正。

编者

目　　录

第1章 工程结算及其编制

1.1 工程结算简介

1.1.1 工程结算的概念

工程结算是在单位工程竣工验收合格后，将有增减变化的内容，按照编制施工图预算的方法与规定，对原施工图预算进行相应的调整而编制的确定工程实际投资并作为最终结算工程价款的经济文件。

竣工结算并不是以变更设计后的施工图和各种变更为原始资料重新编制一次施工图预算，而是根据变动哪一部分就修改哪一部分的原则进行。竣工结算仍是以原施工图预算为基础，仅增减部分内容。只有当设计变更较大，导致整个单位工程的工程量全部或大部分变更时，此时的竣工结算才需要按照施工图预算的办法重新进行一次施工图预算的编制。

1.1.2 工程竣工结算相关术语

1. 工程结算

发承包双方依据约定的合同价款的确定和调整以及索赔等事项，对合同范围内部分完成、中止、竣工工程项目进行计算和确定工程价款的文件。

2. 竣工结算

承包人按照合同约定的内容完成全部工作，经发包人或有关机构验收合格后，发承包双方依据约定的合同价款的确定和调整以及索赔等事项，最终计算和确定竣工项目工程价款的文件。

3. 分包工程结算

总包人与分包人依据约定的合同价款的确定和调整以及索赔等事项，对完成、中止、竣工分包工程项目进行计算和确定工程价款的文件。

4. 工程造价咨询企业

取得建设行政主管部门颁发的工程造价咨询资质，具有独立法人资格，从事工程造价咨询活动的企业。

5. 工程造价专业人员

从事工程造价活动，并取得注册证书的造价工程师和造价员。

6. 造价工程师

取得建设行政主管部门颁发的《造价工程师注册证书》，在一个单位注册，从事建设工程造价活动的专业人员。

7. 造价员

取得中国建设工程造价管理协会颁发的《全国建设工程造价员资格证书》，在一个单位注册，从事建设工程造价活动的专业人员。

8. 结算编制人

编制工程结算的承包人或分包人，以及接受承包人或分包人的委托编制工程结算文件的工程造价咨询企业。

9. 结算审查人

接受发包人或具有委托资格的其他单位委托审查工程结算文件的工程造价咨询企业。

10. 结算审查对比表

工程结算审查文件中与报审工程结算文件对应的汇总、明细等各类反映工程数量、单价、合价、总价等内容增减变化的对比表格。

11. 工程结算审定结果签署表

由审查工程结算文件的工程造价咨询企业编制，并由审查单位、承包单位和委托单位以及建设单位共同认可工程造价咨询企业审定的工程结算价格，并签字、盖章的成果文件。

1.1.3　基本要求

（1）工程造价咨询企业和工程造价专业人员在进行结算编制和结算审查时，必须严格执行国家相关法律、法规和有关制度，拒绝任何一方违反法律、法规、社会公德，影响社会经济秩序和损害公共或他人利益的要求。

（2）工程造价咨询企业和工程造价专业人员在进行工程结算编制和工程结算审查时，应遵循发承包双方的合同约定，维护合同双方的合法权益。认真恪守职业道德、执业准则，依据有关执业标准公正、独立地开展工程造价咨询服务工作。

（3）工程造价咨询企业承担工程结算的编制与审查，应以平等、自愿、公平和诚实信用的原则订立工程造价咨询服务合同。工程造价咨询企业应依据合同约定，向委托方收取咨询费用，严禁向第三方收取费用。

（4）工程造价咨询企业和工程造价专业人员在进行结算编制和结算审查时，应依据工程造价咨询服务合同约定的工作范围和工作内容开展工作，严格履行合同义务，做好工作计划和组织，掌握工程建设期间政策和价款调整的有关因素，认真开展现场调研，全面、准确、客观地反映建设项目工程价款确定和调整的各项因素。

（5）工程造价咨询企业和工程造价专业人员承担工程结算编制时，严禁弄虚作假、高估冒算，提供虚假的工程结算报告。

（6）工程造价咨询企业和工程造价专业人员承担工程结算审查时，严禁滥用职权、营私舞弊、敷衍了事，提供虚假的工程结算审查报告。

（7）工程造价咨询企业承担工程结算编制业务，应严格履行合同，及时完成合同约定范围内的一切工作，其成果文件应得到委托人的认可。

（8）工程造价咨询企业承担工程结算审查，其成果文件应得到审查委托人、结算编制人和结算审查受托人以及建设单位共同认可，并签署"结算审定签署表"。确因特殊原因不能共同签署时，工程造价咨询企业应单独出具成果文件，并承担相应法律责任。

（9）工程造价专业人员在进行工程结算审查时，应独立地开展工作，有权拒绝其他人员的修改和其他要求，并保留其意见。

（10）工程结算编制应采用书面形式，有电子文本要求的应一并报送与书面形式内容一致的电子版本。

（11）工程结算应严格按工程结算编制程序进行编制，做到程序化、规范化，结算资料必须完整。

（12）结算编制或审核受托人应与委托人在咨询服务委托合同内约定结算编制工作的所需时间，并在约定的期限内完成工程结算编制工作。合同未作约定或约定不明的，结算编制或审核受托人应以财政部、原建设部联合颁发的《建设工程价款结算暂行办法》（财建〔2004〕369 号）第十四条有关结算期限规定为依据，在规定的期限内完成结算编制或审查工作。结算编制或审查受托人未在合同约定或规定期限内完成，且无正当理由延期的，应当承担违约责任。

1.1.4　工程结算的方式

我国现行建筑安装工程价款的主要结算方式有以下几种。

（1）按月结算。即实行旬末或月中预支、月终结算、竣工后清算的方法。跨年度竣工的工程，在年终进行工程盘点，办理年度结算。实行旬末或月中预支、月终结算办法的工程合同，应分期确认合同价款收入的实现，即各月份终了，与发包单位进行已完工程价款结算时，确认为承包合同已完工部分的工程收入实现，本期收入额为月终结算的已完工程价款金额。

（2）竣工后一次结算。建设项目或单项工程全部建筑安装工程建设期在 12 个月内，或者工程承包合同价值在 100 万元以下的，可以实行工程价款每月月中预支、竣工后一次结算。实行合同完成后一次结算工程价款办法的工程合同，应于合同完成、承包商与发包单位进行工程合同价款计算时，确认为收入实现，实现的收入额为承发包双方结算的合同价款总额。

（3）分段结算。即当年开工而当年不能竣工的单项工程或单位工程，按照工程形象进度，划分不同阶段进行结算。分段的划分标准，由各部门或省、自治区、直辖市规定，分段结算可以按月预支工程款。实行按工程形象进度划分不同阶段、分段结算工程价款办法的工程合同，应按合同规定的形象进度，分次确认已完阶段工程收益实现，即应于完成合同规定的工程形象进度或工程阶段，与发包单位进行工程价款结算时，确认为工程收入的实现。为简化手续起见，将房屋建筑物划分为几个形象部位，如基础、±0.000 以上主体结构、装修、室外工程及收尾等，确定各部位完成后付总造价一定百分比的工程款。这样的结算不受月度限制，什么时候完工，什么时候结算。中小型工程常采用这种办法，结算比例一般为：工程开工后，按工程合同造价拨付 30% ～ 50%；工程基础完工后，拨付

20％；工程主体完工后拨付 25％～45％；工程竣工验收后，拨付 5％。

（4）目标结款方式。在工程合同中，将承包工程的内容分解成不同的控制界面，以业主验收控制界面为支付工程价款的前提条件。也就是说，将合同中的工程内容分解成为不同的目标验收单元，当承包商完成单元工程内容并经业主（或其委托人）验收后，业主支付构成单元工程内容的工程价款。目标结款方式下，承包商要想获得工程价款，必须按照合同约定的质量标准，完成界面内的工程内容；要想尽早获得工程价款，承包商必须充分发挥自己的组织实施能力，在保证质量的前提下，加快施工进度。这意味着承包商拖延工期时，业主推迟付款，增加承包商的财务费用、运营成本，降低承包商的收益，客观上使承包商因延迟工期而遭受损失。同样，当承包商积极组织施工，提前完成控制界面内的工程内容，则承包商可提前获得工程价款，增加承包收益，客观上承包商因提前工期而增加了有效利润。同时，承包商在界面内质量达不到合同约定的标准而业主不预收，承包商也会因此而遭受损失。目标结款方式实质上是运用合同手段、财务手段，对工程的完成进行主动控制。目标结款方式中，对控制界面的设定应明确描述，便于量化和质量控制，同时要适应项目资金的供应周期和支付频率。

1.1.5　动态结算

动态结算是指把各种动态因素渗透到结算过程中，使结算价能大体反映实际的消耗费用。工程结算时是否实行动态结算，选用什么方法调整价差，应根据施工合同规定行事。

动态结算有按实际价格结算、按调价文件结算和调价系数结算等方法。

1. 按实际价格结算

按实际价格结算是指某些工程的施工合同规定对承包商的主要材料价格按实际价格结算的方法。

2. 按调价文件结算

按调价文件结算是指施工合同双方采用当时的预算价格进行承发包，施工合同期内按照工程造价管理部门调价文件规定的材料指导价格，用结算期内已完工程材料用量乘以价差进行材料价款调整的方法，其计算公式为

$$各项材料用量 = \sum 结算期已完工程量 \times 定额用量$$

$$调价值 = \sum 各项材料用量 \times (结算期预算指导价 - 原预算价格)$$

3. 按调价系数结算

按调价系数结算是指施工合同双方采用当时的预算价格进行承发包，在合理工期内按照工程造价部门规定的调价系数（以定额直接费或定额材料费为计算基础），在原合同造价（预算价格）的基础上，调整由于实际人工费、材料费、机械台班使用费等费用上涨及工程变更等因素造成的价差，其计算公式为

$$结算期定额直接费 = \sum (结算期已完工程量 \times 预算单价)$$

$$调价值 = 结算期定额直接费 \times 调价系数$$

1.1.6　工程结算的任务

（1）确定承包商应得的全部工程价款额（实际工作中也称为工程决算）。

（2）确定建设单位除去预付和建设过程中已经结算给承包商的，最终要支付给承包商的款额（实际工作中也称为财务决算）。

办理工程竣工结算的一般公式是

竣工结算工程价款总额＝合同价款＋施工过程中合同价款调整数额

竣工结算最终付款＝竣工结算工程价款总额－预付及已结算工程价款

施工合同约定竣工结算需留有保修保证金时，应在竣工结算最终付款中予以扣减。特殊情况下，进行竣工结算时承包商应偿还建设单位超付的金额。

1.1.7　工程结算书的内容

（1）封面。内容包括：工程名称、建设单位、建筑面积、结构类型、结算造价、编制日期等，并设有施工单位、审查单位以及编制人、复核人、审核人的签字盖章的位置。

（2）编制说明。内容包括：编制依据、结算范围、变更内容、双方协商处理的事项及其他必须说明的问题。

（3）工程结算直接费计算表。内容包括：定额编号、分项工程名称、单位、工程量、定额基价、合价、人工费、机械费等。

（4）工程结算费用计算表。内容包括：费用名称、费用计算基础、费率、计算式、费用金额等。

（5）附表。内容包括：工程量增减计算表、材料价差计算表、补充基价计算表等。

1.1.8　竣工结算

竣工结算，是指一个单位工程或单项建筑工程竣工，并经建设单位及有关部门验收后，承包商与建设单位之间办理的最终工程结算。工程竣工结算一般以承包商的预算部门为主，由承包商将施工建造活动中与原设计图纸规定产生的一些变化，与原施工图预算比较有增加或减少的地方。

按照编制施工图预算的方法与规定，逐项进行调整计算，并经建设单位核算签署后，由承发包单位共同办理竣工结算手续，才能进行工程结算。竣工结算意味着承发包双方经济关系的最后结束，因此承发包双方的财务往来必须结清。办理工程竣工结算的一般公式为

竣工结算工程价款＝预算（或概算）或合同价款＋施工过程中预算

或合同价款调整数额－预付及已结算工程价款－保修金

1. 竣工结算的原则

（1）任何工程的竣工结算，必须在工程全部完工、经提交验收且工程竣工验收合格以后方能进行。

（2）工程竣工结算的各方，应共同遵守国家有关法律、法规、政策方针和各项规定，严禁高估冒算，严禁套用国家和集体资金，严禁在结算时挪用资金和谋取私利。

（3）坚持实事求是，针对具体情况处理遇到的复杂问题。

（4）强调合同的严肃性，依据合同约定进行结算。

（5）办理竣工结算，必须依据充分，基础资料齐全。

2.《建设工程施工合同（示范文本）》（GF—2013—0201）中关于竣工结算的规定

（1）除专用合同条款另有约定外，承包人应在工程竣工验收合格后 28 天内向发包人和监理人提交竣工结算申请单，并提交完整的结算资料，有关竣工结算申请单的资料清单和份数等要求由合同当事人在专用合同条款中约定。

（2）除专用合同条款另有约定外，竣工结算申请单应包括以下内容。

1）竣工结算合同价格。

2）发包人已支付承包人的款项。

3）应扣留的质量保证金。

（3）除专用合同条款另有约定外，监理人应在收到竣工结算申请单后 14 天内完成核查并报送发包人。发包人应在收到监理人提交的经审核的竣工结算申请单后 14 天内完成审批，并由监理人向承包人签发经发包人签认的竣工付款证书。监理人或发包人对竣工结算申请单有异议的，有权要求承包人进行修正和提供补充资料，承包人应提交修正后的竣工结算申请单。发包人在收到承包人提交的竣工结算申请书后 28 天内未完成审批且未提出异议的，视为发包人认可承包人提交的竣工结算申请单，并自发包人收到承包人提交的竣工结算申请单后第 29 天起视为已签发竣工付款证书。

（4）除专用合同条款另有约定外，发包人应在签发竣工付款证书后的 14 天内，完成对承包人的竣工付款。发包人逾期支付的，按照中国人民银行发布的同期同类贷款基准利率支付违约金；逾期支付超过 56 天的，按照中国人民银行发布的同期同类贷款基准利率的两倍支付违约金。承包人对发包人签认的竣工付款证书有异议的，对于有异议部分应在收到发包人签认的竣工付款证书后 7 天内提出异议，并由合同当事人按照专用合同条款约定的方式和程序进行复核，或按照争议解决约定处理。对于无异议部分，发包人应签发临时竣工付款证书，并在签发竣工付款证书的 14 天内完成付款。承包人逾期未提出异议的，视为认可发包人的审批结果。

（5）除专用合同条款另有约定外，承包人应在缺陷责任期终止证书颁发后 7 天内，按专用合同条款约定的份数向发包人提交最终结清申请单，并提供相关证明材料。

（6）除专用合同条款另有约定外，最终结清申请单应列明质量保证金、应扣除的质量保证金、缺陷责任期内发生的增减费用。

（7）除专用合同条款另有约定外，发包人应在收到承包人提交的最终结清申请单后 14 天内完成审批并向承包人颁发最终结清证书。发包人逾期未完成审批又未提出修改意见的，视为发包人同意承包人提交的最终结清申请单，且自发包人收到承包人提交的最终结清申请单后 15 天起视为已颁发最终结清证书。

（8）除专用合同条款另有约定外，发包人应在颁发最终结清证书后 7 天内完成支付。发包人逾期支付的，按照中国人民银行发布的同期同类贷款基准利率支付违约金；逾期支付超过 56 天的，按照中国人民银行发布的同期同类贷款基准利率的两倍支付违约金。

（9）争议解决按合同约定办理。

3. 竣工结算的依据

根据《建设工程工程量清单计价规范》（GB 50500—2013）的规定，工程竣工结算的主要依据有：

（1）《建设工程工程量清单计价规范》（GB 50500—2013）。

（2）工程合同。

（3）发承包双方实施过程中已确认的工程量及其结算的合同价款。

（4）发承包双方实施过程中已确认调整后追加（减）的合同价款。

（5）建设工程设计文件及相关资料。

（6）投标文件。

（7）其他依据。

4. 竣工结算的程序

（1）承包人递交竣工结算书。承包人应在合同约定时间内编制完成竣工结算书，并在提交竣工验收报告的同时递交给发包人。承包人未在合同约定时间内递交竣工结算书，经发包人催促后仍未提供或没有明确答复的，发包人可以根据已有资料办理结算。

（2）发包人进行结算审核。发包人在收到承包人递交的竣工结算书后，应按合同约定时间核对。合同中对核对时间没有约定或约定不明的，根据《建设工程价款结算暂行办法》规定，按表1-1中的时间进行核对并提出核对意见。

表 1-1　　　　　　　　　　　　**工程竣工结算核对时间表**

序号	工程竣工结算书金额	核对时间
1	500 万元以下	从接到竣工结算书之日起 20 天
2	500 万～2000 万元	从接到竣工结算书之日起 30 天
3	2000 万～5000 万元	从接到竣工结算书之日起 45 天
4	5000 万元以上	从接到竣工结算书之日起 60 天

5. 工程竣工结算价款的支付

竣工结算办理完毕，发包人应根据确认的竣工结算书在合同约定时间内向承包人支付工程竣工结算价款。

发包人未在合同约定时间内向承包人支付工程结算价款的，承包人可催告发包人支付结算价款。如达成延期支付协议的，发包人应按同期银行同类贷款利率支付拖欠工程价款的利息。如未达成延期支付协议，承包人可以与发包人协商将该工程折价，或申请人民法院将该工程依法拍卖，承包人就该工程折价或者拍卖的价款优先受偿。

6. 结算的调整方法

用调值公式法调价，按下式计算

$$P = P_0(a_0 + a_1 A/A_0 + a_2 B/B_0 + a_3 C/C_0 + a_4 D/D_0)$$

式中　　　　　　　P——工程实际结算价款；

　　　　　　　　P_0——调值前工程进度款；

a_0——不调值部分比重；

a_1、a_2、a_3、a_4——调值因素比重；

A、B、C、D——现行价格指数或价格；

A_0、B_0、C_0、D_0——基期价格指数或价格。

应用调值公式时注意以下几点。

（1）计算物价指数的品种只选择对总造价影响较大的少数几种。

（2）在签订合同时，要明确调价品种和波动到何种程度可调整（一般为 10%）。

（3）考核地点一般在工程所在地或指定某地的市场。

（4）确定基期时点价格指数或价格、计算期时点价格指数或价格。

7. 工程竣工结算与决算的区别

竣工结算与竣工决算的区别见表 1 - 2。

表 1 - 2　　　　　　　　　　　　　竣工结算与竣工决算的区别

项目	工程竣工结算	工程竣工决算
编制单位	施工单位的预算部门	建设单位的财务部门
性质和作用	（1）施工单位与建设单位工程价款最终结算的依据 （2）双方签订的建筑、安装工程承包合同最终结算的凭证 （3）编制竣工决算的主要资料	（1）建设单位办理交付、验收和动用各类新增资产的依据 （2）竣工验收报告的重要组成部分
编制内容	施工单位承包施工的建筑、安装工程的全部费用，它反映施工单位完成的施工产值	建设工程从筹建开始到竣工交付使用为止的全部建设费用，它反映建设工程的投资效益

【例 1 - 1】　有一工程项目，其合同价为 1800 万元，所签订的合同类型为可调值合同。合同报价日期是 2008 年 3 月，合同工期为一年，每季度结算一次，2008 年第四季度时完成了产值 800 万元。问：

（1）在 2008 年 8 月中旬，天气突降一场大雨，造成停工，延误工期 5 天，损失了 3 万元。试问：施工单位是否可以就此损失对该工程建设单位提出索赔？

（2）若在工程保修期间，由于施工单位的原因造成屋顶漏水、墙面剥落现象，建设单位在施工单位一再拖延的情况下，另请其他施工单位维修，所发生的费用由谁来承担？

解　（1）本例中因为是异常气候变化造成了工期延误和损失，故施工单位不能提出赔偿。

（2）本例中所发生费用应从施工单位的保修金中扣除，由原施工单位承担。

1.1.9　工程结算的意义

（1）工程结算是工程进度的主要指标。施工过程中，工程结算的依据之一就是按照已完成的工程量进行结算。也就是说，承包商完成的工程量越多，所应结算的工程价款就越多。所以，根据累计已结算的工程价款占合同总价款的比例，能够近似地反映出工程的进度情况，有利于准确掌握工程进度。

（2）工程结算是加速资金周转的重要环节。承包商能够尽快地分阶段收回工程款，有利于偿还债务，也有利于资金的回笼，降低内部运营成本。通过加速资金周转，提高资金的使用有效性。

1.2　工程结算编制的程序、依据、原则、方法

1.2.1　编制程序

（1）工程结算编制应按准备、编制和定稿三个工作阶段进行，并应实行编制人、审核人和审定人分别署名盖章确认的编审签署制度。

（2）工程结算编制准备阶段主要工作包括以下几个方面。

1）收集与工程结算相关的编制依据。

2）熟悉招标文件、投标文件、施工合同、施工图纸等相关资料。

3）掌握工程项目发承包方式、现场施工条件、应采用的工程计价标准、定额、费用标准、材料价格变化等情况。

4）对工程结算编制依据进行分类、归纳、整理。

5）召集工程结算人员对工程结算涉及的内容进行核对、补充和完善。

（3）工程结算编制阶段主要工作包括以下几个方面。

1）根据工程施工图或竣工图以及施工组织设计进行现场踏勘，并做好书面或影像记录。

2）按招标文件、施工合同约定方式和相应的工程量计算规则计算分部分项工程项目、措施项目或其他项目的工程量。

3）按招标文件、施工合同规定的计价原则和计价办法对分部分项工程项目、措施项目或其他项目进行计价。

4）对于工程量清单或定额缺项以及采用新材料、新设备、新工艺，应根据施工过程中的合理消耗和市场价格，编制综合单价或单位估价分析表。

5）工程索赔应按合同约定的索赔处理原则、程序和计算方法，提出索赔费用。

6）汇总计算工程费用，包括编制分部分项工程费、措施项目费、其他项目费、规费和税金，初步确定工程结算价格。

7）编写编制说明。

8）计算和分析主要技术经济指标。

9）工程结算编制人编制工程结算的初步成果文件。

（4）工程结算编制定稿阶段主要工作包括以下几个方面。

1）工程结算审核人对初步成果文件进行审核。

2）工程结算审定人对审核后的初步成果文件进行审定。

3）工程结算编制人、审核人、审定人分别在工程结算成果文件上署名，并应签署造价工程师或造价员执业或从业印章。

4）工程结算文件经编制、审核、审定后，工程造价咨询企业的法定代表人或其授权

人在成果文件上签字或盖章。

5）工程造价咨询企业在正式的工程结算文件上签署工程造价咨询企业执业印章。

（5）工程结算编制人、审核人、审定人应各尽其责，其职责和任务如下。

1）工程结算编制人员按其专业分别承担其工作范围内的工程结算相关编制依据收集、整理工作，编制相应的初步成果文件，并对其编制的成果文件质量负责。

2）工程审核人员应由专业负责人或技术负责人担任，对其专业范围内的内容进行审核，并对其审核专业内的工程结算成果文件的质量负责。

3）工程审定人员应由专业负责人或技术负责人担任，对工程结算的全部内容进行审定，并对工程结算成果文件的质量负责。

1.2.2 编制依据

（1）工程结算编制依据是指编制工程结算时需要工程计量、价格确定、工程计价有关参数、率值确定的基础资料。

（2）工程结算的编制依据主要有以下几个方面。

1）建设期内影响合同价格的法律、法规和规范性文件。

2）施工合同、专业分包合同及补充合同，有关材料、设备采购合同。

3）与工程结算编制相关的国务院建设行政主管部门以及各省、自治区、直辖市和有关部门发布的建设工程造价计价标准、计价方法、计价定额、价格信息、相关规定等计价依据。

4）招标文件、投标文件。

5）工程施工图或竣工图、经批准的施工组织设计、设计变更、工程洽商、索赔与现场签证，以及相关的会议纪要。

6）工程材料及设备中标价、认价单。

7）双方确认追加（减）的工程价款。

8）经批准的开、竣工报告或停、复工报告。

9）影响工程造价的其他相关资料。

【例1-2】 某造价咨询公司负责人要求公司的造价师在工程结算审核中（尤其是财政审计工程），隐蔽记录不能作为结算依据。负责人说原因有两个：一是隐蔽记录属技术资料范围，仅对工程质量负责；二是隐蔽记录的任何做法都必须依据施工图施工，如果不按施工图施工，应由设计部门出具设计文件，或者在竣工图中体现。施工单位在报审的结算资料中，将隐蔽记录作为结算资料上报，均被造价咨询公司退回，施工方因此提出异议。

分析：①隐蔽资料仅仅证明隐蔽了什么，也就是起到一个证明看不见的东西的作用，至于隐蔽的东西是否合理、是否符合设计、质量是否合格、是否符合合同要求、是否应该进入结算、是否能作为竣工资料交城建档案，都还是未定的事情。②隐蔽工程验收记录仅是工程结算的辅助资料，如果图纸工程量和合同明确规定要计算，而隐蔽工程验收记录又证明其符合合同要求，就应该计算。比如说，地下排水管道就属于隐蔽工程，如果图纸有并且验收合格，合同又规定应计算，就应该计算其工程量；反之，缺任一条件都不可计算。③建设单位、施工单位和监理三方要事前协商好，合同中事先约定哪些文件可以作为结算的依据。如果事先不说明，施工单位施工时可能只办理隐蔽工程记录而没办理签证，工程完工结算时建设单位又声明隐蔽工程记录不能结算，施工单位难免会产生抵触情绪，激发矛盾。

1.2.3　编制要求

（1）工程结算一般经过发包人或有关单位验收合格且点交后方可进行。

（2）工程结算应以施工发承包合同为基础，按合同约定的工程价款调整方式，对原合同价款进行调整。

（3）工程结算应核查设计变更、工程洽商等工程资料的合法性、有效性、真实性和完整性。对有疑义的工程实体项目，应视现场条件和实际需要核查隐蔽工程。

（4）建设项目由多个单项工程或单位工程构成的，应按建设项目划分标准的规定，将各单项工程或单位工程竣工结算汇总，编制相应的工程结算书并撰写编制说明。

（5）实行分阶段结算的工程，应将各阶段工程结算汇总，编制工程结算书，并撰写编制说明。

（6）实行专业分包结算的工程，应将各专业分包结算汇总在相应的单项工程或单位工程结算内，并撰写编制说明。

（7）工程结算编制应采用书面形式，有电子文本要求的应一并报送与书面形式内容一致的电子版本。

（8）工程结算应严格按工程结算编制程序进行编制，做到程序化、规范化，结算资料必须完整。

1.2.4　编制原则

（1）工程结算按工程的施工内容或完成阶段，可分竣工结算、分阶段结算、合同中止结算和专业分包结算等形式编制。

（2）工程结算的编制应对应相应的施工合同进行编制。当合同范围内涉及整个建设项目的，应按建设项目组成将各单位工程汇总为单项工程，再将各单项工程汇总为建设项目，编制相应的建设项目工程结算成果文件。

（3）实行分阶段结算的建设项目，应按合同要求进行分阶段结算，出具各阶段工程结算成果文件。在竣工结算时，将各阶段工程结算汇总，编制相应竣工结算成果文件。

（4）除合同另有约定外，分阶段结算的工程项目，其工程结算文件用于价款支付时，应包括下列内容。

1）本周期已完成工程的价款。

2）累积已完成的工程价款。

3）累计已支付的工程价款。

4）本周期已完成计日工金额。

5）应增加和扣减的变更金额。

6）应增加和扣减的索赔金额。

7）应抵扣的工程预付款。

8）应扣减的质量保证金。

9）根据合同应增加和扣减的其他金额。

10）本付款周期实际应支付的工程价款。

（5）进行合同中止结算时，应按已完工程的实际工程量和施工合同的有关约定，编制合同中止结算。

（6）实行专业分包结算的工程项目，应按专业分包合同的要求，对各专业分包分别编制工程结算。总承包人应按工程总承包合同的要求，将各专业分包结算汇总在相应的单位工程或单项工程结算内，进行工程总承包结算。

（7）工程结算的编制应区分施工合同类型及工程结算的计价模式采用相应的工程结算编制方法。

1）施工合同类型按计价方式，应分为总价合同、单价合同、成本加酬金合同。

2）工程结算的计价模式应分为单价法和实物量法，单价法分为定额单价法和工程量清单单价法。

（8）工程结算的编制时，采用总价合同的，应在合同价基础上对设计变更、工程洽商以及工程索赔等合同约定可以调整的内容进行调整。

（9）工程结算的编制时，采用单价合同的，工程结算的工程量应按照经发承包双方在施工合同中约定应予计量且实际完成的工程量确定，并依据施工合同中约定的方法对合同价款进行调整。

（10）工程结算的编制时，采用成本加酬金合同的，应依据合同约定的方法计算各个分部分项工程以及设计变更、工程洽商、施工措施等内容的工程成本，并计算酬金及有关税费。

（11）工程结算采用工程量清单计价的工程费用应包括以下几个方面。

1）分部分项工程费。

2）措施项目费。

3）其他项目费。

4）规费。

5）税金。

（12）工程结算采用定额计价的工程费用应包括以下几个方面。

1）直接工程费。

2）措施费。

3）企业管理费。

4）利润。

5）规费。

6）税金。

1.2.5　竣工结算的编制内容

采用工程量清单计价，竣工结算编制的主要内容如下。

（1）工程项目的所有分部分项工程量，以及实施工程项目采用的措施项目工程量，为完成所有工程量并按规定计算的人工费、材料费、设备费、机具费、企业管理费、利润和税金。

（2）分部分项工程和措施项目以外的其他项目所需计算的各项费用。

（3）工程变更费用、索赔费用、合同约定的其他费用。

1.2.6 竣工结算的编制方法

竣工结算编制应区分合同类型，采用相应的编制方法。

（1）采用总价合同的，应在合同价基础上对设计变更、工程洽商以及工程索赔等合同约定可以调整的内容进行调整。

（2）采用单价合同的，应计算或核定竣工图或施工图以内的各个分部分项工程量，依据合同约定的方式确定分部分项工程项目价格，并对设计变更、工程洽商、施工措施以及工程索赔等内容进行调整。

（3）采用成本加酬金合同的，应依据合同约定的方法计算各个分部分项工程以及设计变更、工程洽商、施工措施等内容的工程成本，并计算酬金及有关税费。

工程合同类型与结算计价方式的对应关系如图 1-1 所示。

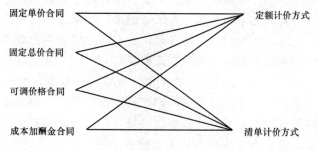

图 1-1 工程合同类型与结算计价方式关系图

从图 1-1 中我们可知，合同类型与计价方式不存在一一对应关系，每种合同类型均可选择定额、清单两种不同的计价方式之一；反之，定额、清单任一种计价方式可选取任一合同类型。

1. 定额计价法

工程结算采用定额计价的应包括：套用定额的分部分项工程量、措施项目工程量和其他项目，以及为完成所有工程量和其他项目并按规定计算的人工费、材料费、设备费、机械费、间接费、利润和税金。

竣工结算的编制大体与施工图预算的编制相同，但竣工结算更加注意反映工程实施中的增减变化，反映工程竣工后实际经济效果。工程实践中，增减变化主要集中在以下几个方面。

（1）工程量量差。这种工程量量差是指按照施工图计算出来的工程数量与实际施工时的工程数量不符而发生的差额。造成量差的主要原因有施工图预算错误、设计变更与设计漏项、现场签证等。

（2）材料价差。这种价差是指在合同规定的开工至竣工期内，因材料价格变动而发生的价差。一般分为主材的价格调整和辅材的价格调整。主材价格调整主要是依据行业主管部门、行业权威部门发布的材料信息价格或双方约定认同的市场价格的材料预算价格或定额规定的材料预算价格进行调整，一般采用单项调整。辅材价格调整主要是按照有关部门发布的地方材料基价调整系数进行调整。

（3）费用调整。费用调整主要有两种情况：一个是从量调整；另一个是政策调整。因为费用（包括间接费、利润、税金）是以直接费（人工费、人工费或机械费）为基础进行计取的，工程量的变化必然影响到费用的变化，这就是从量调整；在施工期间，国家可能有费用政策变化出台，这种政策变化一般是要调整的，这就是政策调整。

（4）其他调整。比如有无索赔事项，乙方使用甲方水电费用的扣除等。

定额计价模式下竣工结算的编制格式大致可分为以下三种。

（1）增减账法。竣工结算的一般公式为

$$竣工结算价＝合同价＋变更＋索赔＋奖罚＋签证$$

以中标价格或施工图预算为基础，加增减变化部分进行工程结算，操作步骤如下。

1）收集竣工结算的原始资料，并与竣工工程进行观察和对照。结算的原始资料是编制竣工结算的依据，必须收集齐全。在熟悉时要深入细致，并进行必要的归纳整理，一般按分部分项工程的顺序进行。根据原有施工图纸、结算的原始资料，对竣工工程进行观察和对照，必要时应进行实际丈量和计算，并做好记录。如果工程的做法与原设计施工要求有出入时，也应做好记录。在编制竣工结算时，要本着实事求是的原则，对这些有出入的部分进行调整（调整的前提是取得相应的签证资料）。

2）计算增减工程量，依据合同约定的工程计价依据（预算定额）套用每项工程的预算价格。合同价格（中标价）或经过审定的原施工图预算基本不再变动，作为结算的基础依据。根据原始资料和对竣工工程进行观察的结果，计算增加和减少的原合同约定工作内容或施工图外工程量，这些增加或减少的工程量或是由于设计变更和设计修改而造成的，或是其他原因造成的现场签证项目等。套用定额子目的具体要求与编制施工图预算定额相同，要求准确、合理。

计算的方法：可按变更与签证批准的时间顺序分别计算每个单据的增减工程量，如表1-3所示。

表 1-3　　　　　　　　　　　直 接 费 计 算 表

序号	定额编号	定额名称	单位（m³）	工程量	单价（元）	合价（元）
…						
××××年××月××日变更单						
10	5—26	C20 现浇钢筋混凝土构造柱	10	−0.259	8152.27	−2111.44
11	5—30	C20 现浇钢筋混凝土圈梁	10	0.017	6288.29	106.9
12	3—6	M5.0 混合砂浆混水砖墙	10	0.202	1536.18	310.31
		小计				−1694.23
××××年××月××日签证						
…						

【例 1 - 3】　某住宅工程的变更、签证直接费计算表（局部）如下。

分析： 序号 10～12 对应的变更内容是："结施 05，12/E、28/E 构造柱取消"。在计算变更或签证时，一定要注意内容的关联性，特别是变更，一项内容的变更均有可能引起其他关联项目的变化。本例中构造柱取消后，其空出的空间必然被砖梁和圈梁（圈梁与构造柱交接处，根据梁断柱不断的界定原则，交接处按构造柱计算，但当构造柱取消后，此交接处只有按圈梁计算了）所代替。

也可根据变更与签证的编号或事后编号，按编号顺序分别计算增减工程量，见表 1 - 4。某住宅工程的变更、签证直接费计算表（局部）如下。

表 1 - 4　　　　　　　　　　　**直　接　费　计　算　表**

序号	定额编号	定额名称	单位（m³）	工程量	单价（元）	合价（元）
...						
2 号变更单						
10	5—26	C20 现浇钢筋混凝土构造柱	10	−0.259	8152.27	−2111.44
11	5—30	C20 现浇钢筋混凝土圈梁	10	0.017	6288.29	106.9
12	3—6	M5.0 混合砂浆混水砖墙	10	0.202	1536.18	310.31
		小计				−1694.23
3 号变更单						
...						

3）调整材料价差。根据合同约定的方式，按照材料价格签证、地方材料基价调整系数调整材差。

4）计算工程费用。常用两种方法，一种方法是集中计算费用法，步骤如下。先计算原有施工图预算的直接费用，再计算增加或减少工程部分的直接费。竣工结算的直接费用等于上述两种费用的合计。然后，以此为基准，再按合同规定取费标准分别计取间接费、利润、税金，计算出工程的全部税费，求出工程的最后实际造价。

另一种方法是分别取费法。主要适合于工程的变更、签证较少的项目，其步骤如下。先将施工图预算与变更、签更等增减部分合计计算直接费；再按取费标准计取间接费、利润、税金，汇总合计，即得出了竣工工程结算最终工程造价。

目前，竣工结算的编制基本已实现了电算化，上机套价已基本普及，编制相对容易些。编制时，可根据工程特点和实际需要自行选择以上方式之一或双方约定其他方式。

5）如果有索赔与奖罚、优惠等事项，也要并入结算。

（2）竣工图重算法。该法是以重新绘制的竣工图为依据进行工程结算。竣工图是工程交付使用时的实样图。

1）竣工图的内容。①工程总体布置图、位置图、地形图并附竖向布置图。②建设用地范围内的各种地下管线工程综合平面图（要求注明平面、高程、走向、断面，跟外部管线衔接关系，复杂交叉处应有局部剖面图等）。③各土建专业和有关专业的设计总说明书。④建筑专业：设计说明书；总平面图（包括道路、绿化）；房间做法名称表；各层平面图（包括设备层及屋顶、人防图）；立面图、剖面图、较复杂的构件大样图；楼梯间、电梯

间、电梯井道剖面图、电梯机房平、剖面图；地下部分的防水防潮、屋面防水、外墙板缝的防水及变形缝等的做法大样图；防火、抗震（包括隔震）、防辐射、防电磁干扰以及"三废"治理等图纸。⑤结构专业：设计说明书；基础平、剖面图；地下部分各层墙、柱、梁、板平面图、剖面图以及板柱节点大样图；地上部分各层墙、柱、梁、板平面图、大样图，及预制梁、柱节点大样图；楼梯剖面大样图，电梯井道平、剖面图，墙板连接大样图；钢结构平、剖面圈及节点大样图；重要构筑物的平、剖面图。⑥其他专业（略）。

2）对竣工图的要求。①工程竣工后应及时整理竣工图纸，凡结构形式改变、工程改变、平面布置改变、项目改变以及其他重大改变，或者在原图纸上修改部分超过40％或者修改后图面混乱不清的个别图纸需要重新绘制。对结构件和门窗重新编号；②凡在施工中，按施工图没有变更的，在原施工图上加盖竣工图标志后可做为竣工图；③对于工程变化不大的，不用重新绘制，可在施工图上变更处分别标明，无重大变更的将修改内容如实地改绘在蓝图上，竣工图标记应具有明显的"竣工图"字样，并包括有编制单位名称、制图人、审核人和编制日期等基本内容；④变更设计洽商记录的内容必须如实地反映到设计图上，如在图上反映确有困难，则必须在图中相应部分加文字说明（见洽商××号），标注有关变更设计洽商记录的编号，并附该洽商记录的复印件；⑤竣工图应完整无缺，分系统装订（基础、结构、建筑、设备），内容清晰；⑥绘制施工图必须采用不褪色的绘图墨水进行，文字材料不得用复写纸、一般圆珠笔和铅笔等。

在竣工图的封面和每张竣工图的图标处加盖竣工图章。竣工图绘制后要请建设单位、监理单位人员在图签栏内签字，并加盖竣工图章。竣工图是其他竣工资料的纲领性总图，一定要如实反映工程实况。

以重新绘制的竣工图为依据进行工程结算，就是以能准确反映工程实际竣工效果的竣工图为依据，重新编制施工图预算的过程，所不同的是编制依据不是施工图，而是竣工图了。按竣工图为依据编制竣工结算主要适用于设计变更、签证的工程量较多且影响又大时，可将所有的工程量按变更或修改后的设计图重新计算工程量。

（3）包干法。常用的包干法包括按施工图预算加系数包干方式和按平方米造价包干方式。

1）施工图预算加系数包干法。这种方法是事先由甲乙双方共同商定包干范围，按施工图预算加上一定的包干系数作为承包基数，实行一次包死。如果发生包干范围以外的增加项目，如增加建筑面积、提高原设计标准或改变工程结构等，必须由双方协商同意后方可变更，并随时填写工程变更结算单，经双方签证作为结算工程价款的依据，实际施工中未发生超过包干范围的事项，结算不做调整。采用包干法时，合同中一定要约定包干系数的包干范围，常见的包干范围一般包括：①正常的社会停水、停电即每月1天以内（含1天，不舍正常节假日双休日）的停窝人工、机械损失；②在合理的范围内钢材每米实际质量与理论质量在±5‰内的差异所造成的损失；③由乙方负责采购的材料，因规格品种不全发生代用（五大材除外）或因采购、运输数量亏吨、价格上扬而造成的量差和价差损失；④甲乙双方签订合同后，施工期间因材料价格频繁变动而当地造价管理部门尚未及时下达政策性调整规定所造成的差价损失；⑤乙方根据施工规范及合同的工期要求或为局部赶工自行安排夜间施工所增加的费用；⑥在不扩大建筑面积、不提高设计标准、不改变结构形式，不变更使用用途、不提高装修档次的前提下，确因实际需要而发生的门窗移位、墙壁开洞、个别小修小改及较为简单的基础处理等设计变更所引起的小量赶工费用（额度双方约定）；⑦其他双方约定的情形。

2）建筑面积平方米包死法。由于住宅工程的平方米造价相对固定、透明，一般住宅工程较适合按建筑面积平方米包干结算。实际操作方法是：甲方双方根据工程资料，事先协商好包干平方米造价，并按建筑面积计算出总造价。计算公式为

$$工程总造价 = 总建筑面积 \times 约定平方米造价$$

合同中应明确注明平方米造价与工程总造价，在工程竣工结算时一般不再办理增减调整。除非合同约定可以调整的范围，并发生在包干范围之外的事项，结算时仍可以调整增减造价。

2. 清单计价法

工程量清单计价模式下竣工结算的编制方法和传统定额计价结算的大框架差不多，但对于变更，清单更明了，在变更发生时就知道对造价的影响（清单可采用已有或类似单价，不像定额方式，到结算时建设单位可能才知造价是多少，才知道不该随意变，但为时已晚）。

《建设工程工程量清单计价规范》（GB 50500—2013）中对计价原则有如下规定。

（1）分部分项工程和措施项目中的单价项目应依据双方确认的工程量与已标价工程量清单的综合单价计算；发生调整的，应以发承包双方确认调整的综合单价计算。

（2）措施项目中的总价项目应依据已标价工程量清单的项目和金额计算；发生调整的，应以发承包双方确认调整的金额计算，其中安全文明施工费应按国家或省级、行业建设主管部门的规定计算。

（3）其他项目应按下列规定计价。①计日工应按发包人实际签证确认的事项计算；②暂估价应按计价规范相关规定计算；③总承包服务费应依据已标价工程量清单的金额计算；发生调整的，应以发承包双方确认调整的金额计算；④索赔费用应依据发承包双方确认的索赔事项和金额计算；⑤现场签证费用应依据发承包双方签证资料确认的金额计算；⑥暂列金额应减去合同价款调整（包括索赔、现场签证）金额计算，如有余额归发包人。

（4）规费和税金按国家或省级、建设主管部门的规定计算。规费中的工程排污费应按工程所在地环境保护部门规定标准缴纳后按实列入。

（5）发承包双方在合同工程实施过程中已经确认的工程计量结果和合同价款，在竣工结算办理中应直接进入结算。

（6）增减账法。一般中小型的民用项目，结构简单、施工图纸清晰齐全、施工周期短的工程，增加投标方核标答疑工作时间时，一般可采用：

$$工程结算价 = 中标价 + 变更 + 索赔 + 奖罚 + 签证$$

该法以招标时工程量清单报价为基础，加增减变化部分进行工程结算。

但对工程量大、结构复杂、工作时间紧的项目宜采用：

工程结算价＝中标价＋变更＋工程量量差超过±3%～5%的数量（双方合同中具体约定超过量）×中标综合单价＋政策性的人工、机械费调整＋允许按实调的暂定价＋索赔＋奖罚＋签证

如采用可调价格合同形式，若合同约定中标综合单价可调整的条件（例分项工程量增减超过 15%），遇到相应条件时综合单价也可做调整。

（7）竣工图重算法。该法是以重新绘制的竣工图为依据进行工程结算，工程结算编制的方法同工程量清单报价的方法，所不同的是依据的图纸由施工图变为竣工图。该法不再详细介绍，有关内容可参考本节其他相关问题解答。

1）各种合同类型下清单的结算方法见表 1-5。

表 1-5 结算方法归纳表

合同类型 清单内容	固定单价合同	固定总价合同	可调价格合同	成本加酬金合同
分部分项清单	$\sum$ 实际工程量×计划单价	$\sum$ 计划工程量×计划单价	按合同约定调整方法	$\sum$ 实际工程量×（单位成本＋单位利润）
措施项目清单	一般不调，除非合同约定可调	一般不调，除非合同约定可调	按合同约定调整方法	$\sum$ 实际工程量×（单位成本＋单位利润）
其他项目清单	按实结算	事前确定	按合同约定调整方法	$\sum$ 实际工程量×（单位成本＋单位利润）
规费、税金	随以上调整	一般固定	随以上调整	一定比率

2）清单漏项或计算误差的处理。由招标人造成的工程量清单漏项或计算误差应予调整。

原清单漏项：对于工程量清单的缺项问题，尽管《建设工程工程量清单计价规范》4.0.9 第一款规定，"工程量清单漏项或设计变更引起新的工程量清单项目，其相应综合单价由施工单位提出，经建设单位确认后作为结算的依据"，但施工单位提出的漏项单价往往在投标时就应在投标书中有所体现，才易为建设单位接受或有利于与建设单位在价格上协商。如果施工单位在审查工程量清单时没有及时发现漏项或发现漏项却没有向建设单位提出异议，事后力图通过索赔来获得相应的工程款，这通常是很困难的，特别要想获得一个有利的价格更是不可能。

原单位工程量有误：定标前发现工程量有误差，投标人应及时向招标人提出，更正错误工程量。定标后发现工程量有误差，合同有规定的按合同规定处理；否则，按《建设工程工程量清单计价规范》4.0.9 条规定执行。

表间数据不符时的处理：工程量清单报价中的任何算术性错误，招标人一般按下列原则予以调整。

大写金额和小写金额不一致，以大写金额为准；合价金额与单价金额和工程量的乘积不一致的，以单价金额为准，但单价金额小数点有明显错误的除外；合价累计金额与小计（合计）金额不一致的，以合价累计金额为准，并修改小计（合计）金额及总报价；综合单价和综合单价分析表价格不一致，以综合单价为准；综合单价分析表和材料表价格不一致，以综合单价分析表为准。

3. 甲供材料的结算方法

甲供材料是指经合同双方协议，由建设单位采购、付款、提货并送至施工单位指定仓库（或建设单位仓库由施工单位到库提货）、现场（或加工厂）的材料（或成品、半产品）。

（1）甲供材料的流转程序。甲乙双方应对工程所用的甲供材料的结算标准、提供方式、料款的结算等，以书面形式明确确定。在工程实施过程中，甲供材料的供应情况均应作详细的记录、签证，如甲供材料的交接品种、品质、规格、批量、提供时间、供货地点、加工程度、运杂费的开支、发生情况等，具体的记录内容应按不同材料有所不同，如螺纹钢的供货方式涉及理论重量差的计算，木材提供原木（原材）时涉及出材率、加工费等问题，双方均应在甲供材料提交验收过程中做好记录，必要时（如双方确定不按照造价站发布信息价作组价依据结算的）尚应及时对有关的费用进行签证，以减少甲供材料结算时的扯皮、纠纷。甲供材料的一般流转程序如图 1-2 所示。

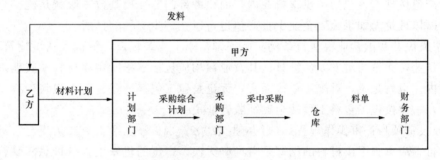

图 1-2　甲供材料流转程序

1) 双方在工程承包合同中明确界定建设单位供应材料范围（一般仅限于主要材料）及材料结算方式。计入建筑安装工程直接费的材料费包括主要材料费、辅助材料费、消耗材料费，一般安装定额基价中包含了大部分辅助材料和所有的消耗材料。建筑工程定额基价中则包含了所有的材料费用。在一些工程的承包合同中，只填列主要材料由建设单位提供的字样，而对主要材料范围没有明确的界定，结算时很容易发生争议。

2) 施工单位根据施工预算和建设单位供应材料范围，按照单位工程报送材料计划。

3) 建设单位计划部门审批材料计划，并按建设项目汇总，形成建设项目材料采购综合计划。

4) 建设单位采购部门按照有关设计和技术规范要求，根据同期综合材料采购计划进行汇总，同时结合现有库存情况进行集中采购，由仓库保管人员验收入库（经批准的涉及变更中的甲供材料的报送、审批及采购与上同）。

5) 施工单位根据已审批的材料计划填写工程领料单，内容包括工程项目名称（细化到单位工程）、工程项目编号、材料名称、规格和数量，加盖施工单位公章和领料人签名方可提料。

6) 建设单位仓库保管部门根据批准的材料计划发料，并及时登记入账。

7) 建设单位财务人员及时对料单进行稽核、分配、开具发票，并根据合同规定的结算方式及时入账。

8）建设单位财务部门将已入账的工程材料费用合计与工程费用管理部门批准的甲供材料计划进行核对，确定已入账工程材料费用的准确性。

9）在甲供材料转账结算方式下，建设单位工程费用管理部门在审批工程预算时，甲供材料按材料预算价格进入预算书。审批工程结算时，按建设单位转给施工单位的料单实际价格和图示用量及追加用量进行价差结算。在甲供材料直接入账结算方式下，甲供材料费不计入工程结算书，但工程费用管理部门应核实实际发出量与实际用量的差异，衡量其合理性并作相应调整。

（2）与甲供材料相关的疑难问题。

1）各种计价模式下甲供材料的结算方式。

2）其他疑难问题。

（3）甲供材料的纳税。主材是构成工程造价的一部分，如不需纳税则有税金流失之嫌，因此应该交税，但实际操作中可能有一些漏洞。施工企业一般按月向统计局上报产值，这个产值按理应该包括甲供材料在内，而税务部门的征税基数一般就是施工企业上报的产值，所以理论上如果施工企业少报产值也可以达到少交税的目的。

《中华人民共和国营业税暂行条例实施细则》第十八条规定，纳税人从事建筑、修缮、装饰工程作业，无论与对方如何结算，其营业额均应包括工程所用原材料及其他物资和动力价款在内。也就是说，对施工单位而言，无论是包工包料还是包工不包料工程，在征收营业税时，一律按包工包料工程费全额征收营业税。

《财政投资项目评审操作规程》（财办建〔2002〕619号）第二十二条规定，对有甲供材料的项目，应审查甲供材料的结算是否准确无误，审定的建安工程投资总额是否已包含甲供材料。

建筑业应纳营业税按照建筑业营业额依3%的税率计算。建筑业营业额是承包建筑、修缮、安装和其他工程作业取得的营业收入额，即工程价款及工程价款之外的各种费用。

建筑企业向建设单位收取的材料差价款、抢工款、全优工程奖和提前竣工奖，应并入计税营业额中征收营业税。建筑企业由于工程质量问题而发生企业向建设单位支付的罚款和因延误工期所造成的损失，不得从营业额中扣除。

无论是包工包料工程，还是包工不包料工程，在征收营业税时，一律按包工包料工程以料工费全额征收营业税。

纳税人从事安装工程作业，凡安装设备价值作为安装产值的，其营业额应包括设备的价值在内；反之，如果纳税人将安装的设备的价值不作为安装产值的，其营业额不包括设备的价值在内。

（4）甲供材料的废料归属。甲供材料目前有两种形式：

1）建设单位供应材料，施工单位负责制安，材料款与施工单位不发生任何关系，施工单位不需支付建设单位材料款。

2）建设单位供应材料，施工单位负责制安，建设单位按照合同商定单价将材料供应给施工单位，施工单位需支付建设单位材料款（可从进度款中扣除）。

余料归属问题首先要看合同，如果合同没规定，可以协商解决。如果简单地归施工单位，那有可能会造成施工单位的大量浪费，反正是建设单位埋单。但如果归建设单位所有，那施工方加强管理或合理工艺而降低的消耗的结余材料也归建设单位所有，施工方可能就会管理松懈，也会给建设单位带来损失。像这种问题，合同中应该有明文规定。一般情况下，第一种情形，余料归建设单位；第二种情形，余料归施工单位。

（5）甲供材料采用定额计价方式。甲供材料与施工单位购买的材料一样，都必须列入直接费并参与计取各种费用和税金，施工单位应在含税造价中将已扣除采保运杂费等费用后的甲供材料总值退还给建设单位。甲供数量=实用数量是最理想状态，但实际上，甲供数量与定额含量之间往往存在量差。当甲供数量大于定额含量，说明施工单位管理有问题，实际损耗过大，一般这个量差要由施工单位承担；当甲供数量小于定额含量，说明施工单位管理到位，实际损耗较小，一般这个量差要由施工单位分享。一般办理退款以建设单位实供数量为准，以避免施工单位过度浪费。

下面通过实例进一步讲解：

【例1-4】　×工程承发包合同规定该工程材料均按×年×月信息价结算，双方协议确定工程所用钢筋由建设单位提供（即"甲供材料"），料款结算按×省造价管理办法执行。按照该省文件规定，该省钢筋采购保管费率为2.8%，甲供材料运至工地施工单位指定堆放处或仓库，建设单位收取采购保管费40%，施工单位收取60%（具体采保费率与双方分享比例应根据当地文件规定）。且双方达成如下签证：线材委托施工单位提运：运杂费28元/t；其余由建设单位提运至现场，施工单位承担卸车及搬运至工地加工场：卸车及搬运费5元/t；冷拔钢丝加工由施工单位承担，加工费按信息价组价标准计算。

该工程结算书，甲供材料列入直接费中计取了各项费用及税金，结算书中甲供材料价差调差表见表1-6。

表1-6　　　　　　　　　　　　　　调　差　表

材料名称	单位	定额含量	预算单价（元）	信息单价（元）	价差（元）	金额（元）
冷拔钢丝	t	15	2967	2702	−265	−3975
综合圆钢	t	50	2802	2571	−231	−11550
HRB335钢	t	80	3193	2551	−642	−51360
合价及差价	元		合价=440045	合价=373160		差价=−66885

该工程双方核对后的退款表见表1-7，施工单位按合计退款金额将此款项返还建设单位。

表1-7　　　　　　　　　　　　　　退　款　表

名称		单位	实供数量	信息价（元/t）	退料价（元/t）	退料款额（元）
线材	冷拔钢丝	t	15	2702	2494.56	37418.4
	圆钢内综合	t	23	2571	2514.99	57844.77
综合圆钢		t	25	2571	2537.99	63449.75
HRB335钢		t	79	2551	2518.21	198938.59
合计						357651.51

表中退料价单价的计算方法是：

冷拔钢丝用线材：2702/1.028×(1+2.8‰×60%)-150-28=2494.56 (元/t)

圆钢内综合线材：2571/1.028×(1+2.8‰×60%)-28=2514.99 (元/t)

综合圆钢：2571/1.028×(1+2.8‰×60%)-5=2537.99 (元/t)

HRB335 钢：2551/1.028×(1+2.8‰×60%)-5=2518.21 (元/t)

注：式中，28 元为签证的运杂费；5 元为签证的卸车及搬运费；150 元为冷拔钢丝加工费。

在 [例1-5] 中，退款表中计算的项目均是以综合数量考虑的，实际建设单位供材时应是分规格供料的，如 HRB335 钢，可能供有Φ 12、Φ 14、Φ 16、Φ 18、Φ 20、Φ 22、Φ 25，在编制退款表时也可以按规格不同分别编制，也可以按以上加权综合编制。

大家可以注意到，在结算书中甲供材料的总价值是 373160 元，而在甲供材料退料表中，甲供材料的总价值为 357651.51 元。中间存在的差额一个是价差，如在办理退款时，应给施工单位留下一定的采保费。另外，甲供材料的实供数量与定额数量之间存在着一个量差，这个量差一般应由施工单位承担或分享。

(6) 甲供材料采用清单计价方式。材料费是建筑安装工程费的组成部分，无论是建设单位还是施工单位，采购供应的材料都应该进入建筑安装工程费，并计取相应的费用、利润和税金。根据《建设工程工程量清单计价规范》有关条文规定，由建设单位自行负责采购供应的材料费，按以下三步处理。

1) 投标人根据招标人在其清单"总说明"中填写的招标人自行采购材料的名称、规格型号、数量和自行采购材料的金额数量（即材料购置费，以下简称"甲供材费"），将其填写在报价人的"其他项目清单计价表"中。不论招标人确定的甲供材料在招标文件中确定的数量多少，施工过程中，建设单位应按工程施工要求供应甲供材料的全部数量。若建设单位不按所需品种、规格和数量供应，影响施工的视为违约。施工过程中，若建设单位要求施工单位采购已在招标中确定为甲供材料的材料，材料价格由甲乙双方按照市场价格另行签订补充协议。

2) 投标人将甲供材费计入综合单价中计取相应的费、利润后再将甲供材费从综合单价中扣除。甲供材料的采保费应计入综合单价。双方必须在合同中约定甲供材料采购保管费的承担办法。

3) 投标人将按甲供材费计取的规费和税金计入报价人的"单位工程费汇总表"中的规费和税金中。

1.2.7　工程竣工结算编制成果文件形式

(1) 工程结算成果文件的形式一般包括以下几个方面。

1) 工程结算书封面，包括工程名称、编制单位和印章、日期等。

2) 签署页，包括工程名称、编制人、审核人、审定人姓名和执业（从业）印章、单位负责人印章（或签字）等。

3) 目录。

4) 工程结算编制说明。

5) 工程结算相关表式。

6) 必要的附件。

(2) 工程结算相关表式。

1) 工程结算汇总表。

2) 单项工程结算汇总表。

3) 单位工程结算汇总表。

4) 分部分项（措施、其他）结算汇总表。

5) 必要的相关表格。

结算编制受委托人应向结算编制委托人及时递交完整的工程结算成果文件。

(3) 结算编制文件组成。工程结算文件一般由工程结算汇总表、单项工程结算汇总表、单位工程结算汇总表和分部分项（措施、其他）工程结算表及结算编制说明等组成。

工程结算汇总表、单项工程结算汇总表、单位工程结算汇总表应当按表格所规定的内容详细编制。

工程结算编制说明可根据委托工程的实际情况，以单位工程、单项工程或建设项目为对象进行编制，并应说明以下内容。

1) 工程概况。

2) 编制范围。

3) 编制依据。

4) 编制方法。

5) 有关材料、设备、参数和费用说明。

6) 其他有关问题的说明。

工程结算文件提交时，受委托人应当同时提供与工程结算相关的附件，包括所依据的发承包合同调整条款、设计变更、工程洽商、材料及设备定价单、调价后的单价分析表等与工程结算相关的书面证明材料。

工程结算编制参考格式

(1) 工程结算封面格式 (表 1 - 8)。

表 1 - 8　　　　　　　　　工 程 结 算 封 面

（工程名称）

工 程 结 算

档 案 号：

（编制单位名称）
（工程造价咨询单位执业章）
年　　　月　　　日

（2）工程结算签署页格式（表 1-9）。

表 1-9　　　　　　　　　　工程结算签署页

（工程名称）

工　程　结　算

档　案　号：

编　制　人：＿＿＿＿＿＿＿＿＿＿　〔执业（从业）印章〕＿＿＿＿＿＿＿＿＿

审　核　人：＿＿＿＿＿＿＿＿＿＿　〔执业（从业）印章〕＿＿＿＿＿＿＿＿＿

审　定　人：＿＿＿＿＿＿＿＿＿＿　〔执业（从业）印章〕＿＿＿＿＿＿＿＿＿

单位负责人：＿＿＿＿＿＿＿＿＿＿＿＿＿＿＿＿＿＿＿＿＿＿＿＿＿＿＿＿＿＿

（3）工程结算编制说明格式（表1-10）。

表1-10 编 制 说 明

工程名称： 第 页 共 页

1. 工程概况

2. 编制范围

3. 编制依据

4. 编制方法

5. 有关材料、设备、参数和费用说明

6. 其他有关问题的说明

（4）工程结算汇总表格式（表1-11）。

表1-11　　　　　　　　　工程结算汇总表

工程名称：　　　　　　　　　　　　　　　　　　第　页　共　页

序号	单项工程名称	金额（元）	备注
	合　计		

编制人：　　　　　　　　审核人：　　　　　　　　审定人：

（5）单项工程结算汇总表格式（表1-12）。

表1-12　　　　　　　　　单项工程结算汇总表

单项工程名称：　　　　　　　　　　　　　　　　第　页　共　页

序号	单项工程名称	金额（元）	备注
	合　计		

编制人：　　　　　　　　审核人：　　　　　　　　审定人：

（6）单位工程结算汇总表格式（表1-13）。

表 1-13　　　　　　　　　　单位工程结算汇总表

工程名称　　　　　　　　　　标段：　　　　　　　　　第 页 共 页

序号	汇 总 内 容	金额（元）
1	分部分项工程	
1.1		
1.2		
1.3		
1.4		
1.5		
	…	
2	措施项目	
2.1	安全文明施工费	
3	其他项目	
3.1	专业工程估算价	
3.2	计日工	
3.3	总承包服务费	
4	规费	
5	税金	

结算总价合计＝1＋2＋3＋4＋5

编制人：　　　　　　　　审核人：　　　　　　　　审定人：

（7）分部分项工程量清单与计价表（表 1 - 14）。

表 1 - 14　　　　　　　　分部分项工程量清单与计价表

工程名称：　　　　　　　　　　　标段：　　　　　　　　　　　第　页　共　页

序号	项目编码	项目名称	项目特征描述	计量单位	工程量	金额（元）		
						综合单价	合价	其中：暂估价
	本页小计							
	合　计							

编制人：　　　　　　　　　　审核人：　　　　　　　　　　审定人：

（8）措施项目清单与计价表（一）格式（表1-15）。

表1-15   措施项目清单与计价表（一）

工程名称：   标段：   第 页 共 页

序号	项 目 名 称	计算基础	费率（%）	金额（元）
1	安全文明施工费			
2	夜间施工费			
3	二次搬运费			
4	冬雨期施工			
5	大型机械设备进出场及安拆费			
6	施工排水			
7	施工降水			
8	地上、地下设施、建筑物的临时保护设施			
9	已完工程及设备保护			
10	各专业工程的措施项目			
11				
12				
合　　计				

编制人：   审核人：   审定人：

(9) 措施项目清单与计价表（二）格式（表 1-16）。

表 1-16　　　　　　　　　　 措施项目清单与计价表（二）

工程名称：　　　　　　　　　　 标段：　　　　　　　　　 第　页　共　页

序号	项目编码	项目名称	项目特征描述	计量单位	工程量	金额（元）	
						综合单价	合价
				本页小计			
				合　计			

编制人：　　　　　　　　　 审核人：　　　　　　　　　 审定人：

（10）其他项目清单与计价汇总表格式（表 1 - 17）。

表 1 - 17　　　　　　　　　　其他项目清单与计价汇总表

工程名称：　　　　　　　　　标段：　　　　　　　　　第　页　共　页

序号	项 目 名 称	计量单位	金额（元）	备注
1	专业工程结算价			
2	计日工			
3	总承包服务费			
	...			
	合　计			—

编制人：　　　　　　　　　审核人：　　　　　　　　　审定人：

（11）规费、税金项目清单与计价表格式（表 1 - 18）。

表 1 - 18　　　　　　　　　　　规费、税金项目清单与计价表

工程名称：　　　　　　　　　　标段：　　　　　　　　　第　页　共　页

序号	项目名称	计算基础	费率（%）	金额（元）
1	规费			
1.1	工程排污费			
1.2	社会保障费			
(1)	养老保险费			
(2)	失业保险费			
(3)	医疗保险费			
1.3	住房公积金			
1.4	危险作业意外伤害保险			
1.5	工程定额测定费			
2	税金	分部分项工程费＋措施项目费＋其他项目费＋规费		
	合　计			

编制人：　　　　　　　　审核人：　　　　　　　　审定人：

第2章 工程结算审查

2.1 工程结算审查相关规定

2.1.1 审查程序

（1）工程结算审查应按准备、审查和审定三个工作阶段进行，并实行审查编制人、审核人和审定人分别署名盖章确认的审核签署制度。

（2）工程结算审查准备阶段主要包括以下工作内容。

1）审查工程结算手续的完备性、资料内容的完整性，对不符合要求的应退回，限时补正。

2）审查计价依据及资料与工程结算的相关性、有效性。

3）熟悉施工合同、招标文件、投标文件、主要材料设备采购合同及相关文件。

4）熟悉竣工图纸或施工图纸、施工组织设计、工程状况，以及设计变更、工程洽商和工程索赔情况等。

5）掌握工程量清单计价规范、工程预算定额等与工程相关的国家和当地建设行政主管部门发布的工程计价依据及相关规定。

（3）工程结算审查阶段主要包括以下工作内容。

1）审查工程结算的项目范围、内容与合同约定的项目范围、内容一致性。

2）审查分部分项工程项目、措施项目或其他项目工程量计算准确性、工程量计算规则与计价规范保持一致性。

3）审查分部分项综合单价、措施项目或其他项目时应严格执行合同约定或现行的计价原则、方法。

4）对于工程量清单或定额缺项以及新材料、新工艺，应根据施工过程中的合理消耗和市场价格，审核结算综合单价或单位估价分析表。

5）审查变更签证凭据的真实性、有效性，核准变更工程费用。

6）审查索赔是否依据合同约定的索赔处理原则、程序和计算方法以及索赔费用的真实性、合法性、准确性。

7）审查分部分项工程费、措施项目费、其他项目费或定额直接费、措施费、规费、企业管理费、利润和税金等结算价格时，应严格执行合同约定或相关费用计取标准及有关规定，并审查费用计取依据的时效性、相符性。

8）提交工程结算审查初步成果文件，包括编制与工程结算相对应的工程结算审查对比表，待校对、复核。

（4）工程结算审定阶段。

1）工程结算审查初稿编制完成后，应召开由工程结算编制人、工程结算审查委托人及工程结算审查人共同参加的会议，听取意见，并进行合理的调整。

2）由工程结算审查人的部门负责人对工程结算审查的初步成果文件进行检查校对。

3）由工程结算审查人的审定人审核批准。

4）发承包双方代表人或其授权委托人和工程结算审查单位的法定代表人或其授权委托人应分别在"工程结算审定签署表"上签认并加盖公章。

5）对工程结算审查结论有分歧的，应在出具工程结算审查报告前至少组织两次协调会；凡不能共同签认的，审查人可适时结束审查工作并做出必要说明。

6）在合同约定的期限内，向委托人提交经工程结算审查编制人、校对人、审核人签署执业或从业印章，以及工程结算审查人单位盖章确认的正式工程结算审查报告。

（5）工程结算审查编制人、审核人、审定人的各自职责和任务。

1）工程结算审查编制人员按其专业分别承担其工作范围内的工程结算审查相关编制依据收集、整理工作，编制相应的初步成果文件，并对其编制的成果文件质量负责。

2）工程结算审查审核人员应由专业负责人或技术负责人担任，对其专业范围内的内容进行校对、复核，并对其审核专业内的工程结算审查成果文件的质量负责。

3）工程结算审查审定人员应由专业负责人或技术负责人担任，对工程结算审查的全部内容进行审定，并对工程结算审查成果文件的质量负责。

2.1.2　审查依据

（1）工程结算审查依据指委托合同和完整、有效的工程结算文件。

（2）工程结算审查的依据主要有以下几个方面。

1）建设期内影响合同价格的法律、法规和规范性文件。

2）工程结算审查委托合同。

3）完整、有效的工程结算书。

4）施工合同、专业分包合同及补充合同，有关材料、设备采购合同。

5）与工程结算编制相关的国务院建设行政主管部门以及各省、自治区、直辖市和有关部门发布的建设工程造价计价标准、计价方法、计价定额、价格信息、相关规定等计价依据。

6）招标文件、投标文件。

7）工程施工图或竣工图、经批准的施工组织设计、设计变更、工程洽商、索赔与现场签证，以及相关的会议纪要。

8）工程材料及设备中标价、认价单。

9）双方确认追加（减）的工程价款。

10）经批准的开、竣工报告或停、复工报告。

11）工程结算审查的其他专项规定。

12）影响工程造价的其他相关资料。

2.1.3　审查原则

（1）工程价款结算审查按工程的施工内容或完成阶段分类，其形式包括竣工结算审查、分阶段结算审查、合同中止结算审查和专业分包结算审查。

（2）建设项目是由多个单项工程或单位工程构成的，应按建设项目划分标准的规定，分别审查各单项工程或单位工程的竣工结算，将审定的工程结算汇总，编制相应的工程结算审查成果文件。

（3）分阶段结算审查的工程，应分别审查各阶段工程结算，将审定结算汇总，编制相应的工程结算审查成果文件。

（4）除合同另有约定外，分阶段结算的支付申请文件应审查以下内容。

1）本周期已完成工程的价款。

2）累计已完成的工程价款。

3）累计已支付的工程价款。

4）本周期已完成计日工金额。

5）应增加和扣减的变更金额。

6）应增加和扣减的索赔金额。

7）应抵扣的工程预付款。

8）应扣减的质量保证金。

9）根据合同应增加和扣减的其他金额。

10）本付款周期实际应支付的工程价款。

（5）合同中止工程的结算审查，应按发包人和承包人认可的已完工程的实际工程量和施工合同的有关规定进行审查。合同中止结算审查方法基本同竣工结算的审查方法。

（6）专业分包工程的结算审查，应在相应的单位工程或单项工程结算内分别审查各专业分包工程结算，并按分包合同分别编制专业分包工程结算审查成果文件。

（7）工程结算审查应区分施工发承包合同类型及工程结算的计价模式采用相应的工程结算审查方法。

（8）审查采用总价合同的工程结算时，应审查与合同所约定结算编制方法的一致性，按照合同约定可以调整的内容，在合同价基础上对调整的设计变更、工程洽商以及工程索赔等合同约定可以调整的内容进行审查。

（9）审查采用单价合同的工程结算时，应审查按照竣工图或施工图以内的各个分部分项工程量计算的准确性，依据合同约定的方式审查分部分项工程项目价格，并对设计变更、工程洽商、施工措施以及工程索赔等调整内容进行审查。

（10）审查采用成本加酬金合同的工程结算时，应依据合同约定的方法审查各个分部分项工程以及设计变更、工程洽商、施工措施等内容的工程成本，并审查酬金及有关税费的取定。

（11）采用工程量清单计价的工程结算审查应包括以下几个方面。

1）工程项目的所有分部分项工程量，以及实施工程项目采用的措施项目工程量；为完成所有工程量并按规定计算的人工费、材料费和施工机械使用费、企业管理费利润，以及规费和税金取定的准确性。

2）对分部分项工程和措施项目以外的其他项目所需计算的各项费用进行审查。

3）对设计变更和工程变更费用依据合同约定的结算方法进行审查。

4）对索赔费用依据相关签证进行审查。

5）合同约定的其他费用的审查。

（12）工程结算审查应按照与合同约定的工程价款调整方式对原合同价款进行审查，并应按照分部分项工程费、措施项目费、其他项目费、规费、税金项目进行汇总。

（13）采用预算定额计价的工程结算审查应包括以下几个方面。

1）套用定额的分部分项工程量、措施项目工程量和其他项目，以及为完成所有工程量和其他项目并按规定计算的人工费、材料费、机械使用费、规费、企业管理费、利润和税金与合同约定的编制方法的一致性，计算的准确性。

2）对设计变更和工程变更费用在合同价基础上进行审查。

3）工程索赔费用按合同约定或签证确认的事项进行审查。

4）合同约定的其他费用的审查。

2.1.4　审查方法

（1）工程结算的审查应依据施工发承包合同约定的结算方法进行，根据施工合同类型采用不同的审查方法。这里所讲的审查方法主要适用于采用单价合同的工程量清单单价法编制竣工结算的审查。

（2）审查工程结算，除合同约定调整的方法外，对分部分项工程费用的审查应参照相关规定。

（3）工程结算审查时，对原招标工程量清单描述不清或项目特征发生变化，以及变更工程、新增工程中的综合单价应按下列方法确定。

1）合同中已有适用的综合单价，应按已有的综合单价确定。

2）合同中有类似的综合单价，可参照类似的综合单价确定。

3）合同中没有适用或类似的综合单价，由承包人提出综合单价，经发包人确认后执行。

（4）工程结算审查中涉及措施项目费用的调整时，措施项目费应依据合同约定的项目和金额计算，发生变更、新增的措施项目，以发承包双方合同约定的计价方式计算，其中措施项目清单中的安全文明施工费用应审查是否按照国家或省级、行业建设主管部门的规定计算。施工合同中未约定措施项目费结算方法时，审查措施项目费可参照相关规定，按以下方法审查。

1）审查与分部分项实体消耗相关的措施项目，应随该分部分项工程的实体工程量的变化，是否依据双方确定的工程量、合同约定的综合单价进行结算。

2）审查独立性的措施项目是否按合同价中相应的措施项目费用进行结算。

3）审查与整个建设项目相关的综合取定的措施项目费用是否参照投标报价的取费基数及费率进行结算。

（5）工程结算审查中涉及其他项目费用的调整时，按下列方法确定。

1）审查计日工是否按发包人实际签证的数量、投标时的计日工单价，以及确认的事项进行结算。

2）审查暂估价中的材料单价是否按发承包双方最终确认价在分部分项工程费中对相

应综合单价进行调整，计入相应的分部分项工程费用。

3）对专业工程结算价的审查应按中标价或发包人、承包人与分包人最终确认的分包工程价进行结算。

4）审查总承包服务费是否依据合同约定的结算方式进行结算，以总价形式固定的总承包服务费不予调整，以费率形式确定的总包服务费，应按专业分包工程中标价或发包人、承包人与分包人最终确认的分包工程价为基数和总承包单位的投标费率计算总承包服务费。

5）审查暂列金额是否按合同约定计算实际发生的费用，并分别列入相应的分部分项工程费、措施项目费中。

（6）招标工程量清单的漏项、设计变更、工程洽商等费用应依据施工图以及发承包双方签证资料确认的数量和合同约定的计价方式进行结算，其费用列入相应的分部分项工程费或措施项目费中。

（7）工程结算审查中涉及索赔费用的计算时，应依据发承包双方确认的索赔事项和合同约定的计价方式进行结算，其费用列入相应的分部分项工程费或措施项目费中。

（8）工程结算审查中涉及规费和税金的计算时，应按国家、省级或行业建设主管部门的规定计算并调整。

2.1.5　审查的成果文件形式

（1）工程结算审查成果文件应包括以下内容。

1）工程结算书封面。

2）签署页。

3）目录。

4）结算审查报告书。

5）结算审查相关表式。

6）必要的附件。

（2）采用工程量清单计价的工程结算审查相关表式包括以下内容。

1）工程结算审定签署表。

2）工程结算审查汇总对比表。

3）单项工程结算审查汇总对比表。

4）单位工程结算审查汇总对比表。

5）分部分项工程量清单与计价审查对比表。

6）措施项目清单与计价审查对比表。

7）其他项目清单与计价审查汇总对比表。

8）规费、税金项目清单与计价审查对比表。

2.1.6　结算审查文件组成

（1）工程结算审查文件一般由封面、签署页、工程结算审查报告、工程结算审定签署表、工程结算审查汇总对比表、单项工程结算审查汇总对比表、单位工程结算审查对比表等组成。

（2）工程结算审查文件的封面应包括工程名称、编制单位等内容。工程造价咨询企业接受委托编制的工程结算审查文件应在编制单位上签署企业执业印章。

（3）工程结算审查文件的签署页应包括编制、审核、审定人员姓名及技术职称等内容，并应签署造价工程师或造价员执业或从业印章。

（4）工程结算审查报告可根据该委托工程项目的实际情况，以单位工程、单项工程或建设项目为对象进行编制，并应说明以下内容。

1）概述。

2）审查范围。

3）审查原则。

4）审查依据。

5）审查方法。

6）审查程序。

7）审查结果。

8）主要问题。

9）有关建议。

（5）工程结算审定结果签署表由结算审查受托人编制，并由结算审查委托人、结算编制人和结算审查受托人签字盖章，当结算编制委托人与建设单位不一致时，按工程造价咨询合同要求或结算审查委托人的要求在结算审定签署表上签字盖章。

（6）工程结算审查汇总对比表、单项工程结算审查汇总对比表、单位工程结算审查对比表等内容应按本规程第 5 章规定的内容详细编制。

工程结算审查书参考格式

（1）工程结算审查书封面格式（表2-1）。

表2-1　　　　　　　　　工程结算审查书封面格式

（工程名称）

工程结算审查书

档　案　号：

（编制单位名称）

（工程造价咨询单位执业章）

年　　月　　日

（2）工程结算审查书签署页格式（表2-2）。

表 2-2　　　　　　　　　　　工程结算审查书签署页格式

（工程名称）

工 程 结 算 审 查 书

档　案　号：

编　制　人：＿＿＿＿＿＿＿＿＿＿（执业从业印章）＿＿＿＿＿＿＿＿＿

审　核　人：＿＿＿＿＿＿＿＿＿＿（执业从业印章）＿＿＿＿＿＿＿＿＿

审　定　人：＿＿＿＿＿＿＿＿＿＿（执业从业印章）＿＿＿＿＿＿＿＿＿

法定代表人或其授权人：＿＿＿＿＿＿＿＿＿＿＿＿＿＿＿＿＿＿＿＿

（3）工程结算审查报告格式（表 2 - 3）。

表 2 - 3　　　　　　　　　　　　工程结算审查报告格式

（工程名称）

工 程 结 算 审 查 报 告

1. 概述

2. 审查范围

3. 审查原则

4. 审查依据

5. 审查方法

6. 审查程序

7. 审查结果

8. 主要问题

9. 有关建议

（4）工程结算审定签署表格式（表 2 - 4）。

表 2 - 4 　　　　　　　　　　　　　　**工程结算审定签署表**

工程名称			工程地址	
发包人单位			承包人单位	
委托合同编号			审定日期	
报审结算金额（元）			调整金额（元）	
审定结算金额（元）	大写		小写	
委托单位： （签章） 法定代表人或其授权人： （签字并盖章）	建设单位： （签章） 法定代表人或其授权人： （签字并盖章）	承包单位： （签章） 法定代表人或其授权人： （签字并盖章）	审查单位： （签章） 法定代表人或其授权人： （签字并盖章） 技术负责人： （签字并盖执业印章）	

注：调整金额＝报审结算金额－审定结算金额

（5）工程结算审查汇总对比表格式（表 2 - 5）。

表 2 - 5 　　　　　　　　　　　　**工程结算审查汇总对比表**

工程名称：　　　　　　　　　　　　　　　　　　　　　　　　　　　　第　页　共　页

序号	单项工程名称	报审结算金额（元）	审定结算金额（元）	调整金额（元）	备注
	合　　计				

编制人：　　　　　　　　　　　　审核人：　　　　　　　　　　　　审定人：

（6）单项工程结算审查汇总对比表格式（表2-6）。

表2-6　　　　　　　　　　　单项工程结算审查汇总对比表

序号	单位工程名称	报审结算金额（元）	审定结算金额（元）	调整金额（元）	备注
	合　　计				

编制人：　　　　　　　　　　审核人：　　　　　　　　　　审定人：

（7）单位工程结算审查汇总对比表格式（表2-7）。

表2-7　　　　　　　　　　　单位工程结算审查汇总对比表

工程名称：　　　　　　　　　　　　　　　　　　　　　　　　　第　页　共　页

序号	汇总内容	报审结算金额（元）	审定结算金额（元）	调整金额（元）	备注
1	分部分项工程				
1.1					
1.2					
1.3					
2	措施项目				
2.1	安全文明施工费				
3	其他项目				
3.1	专业工程结算价				
3.2	计日工				
3.3	总承包服务费				
4	规费				
5	税金				
	合　　计				

编制人：　　　　　　　　　　审核人：　　　　　　　　　　审定人：

（8）分部分项工程量清单与计价审查对比表（表 2-8）。

表 2-8　　　　　　　　分部分项工程量清单与计价审查对比表

序号	项目编码	项目名称	项目特征描述	计量单位	原报审			审查后			调整金额（元）	备注
					工程量	综合单价（元）	合价（元）	工程量	综合单价（元）	合价（元）		
	本页小计											
	合　　计											

编制人：　　　　　　　　　　审核人：　　　　　　　　　　审定人：

（9）措施项目清单与计价审查对比表（一）格式（表 2-9）。

表 2-9　　　　　　　　措施项目清单与计价审查对比表（一）

工程名称：　　　　　　　　　　标段：　　　　　　　　　　第　页　共　页

序号	项目名称	计算基础	原报审		审查后		调整金额（元）	备注
			费率（%）	金额（元）	费率（%）	金额（元）		
1	安全文明施工费							
2	夜间施工费							
3	二次搬运费							
4	冬雨季施工费							
5	大型机械设备进出场及安拆费							
6	施工排水							
7	施工降水							
8	地上、地下设施、建筑物的临时保护设施							
9	已完工程及设备保护							
10	各专业工程的措施项目							
11								
12								
	合　计							

编制人：　　　　　　　　　　审核人：　　　　　　　　　　审定人：

（10）措施项目清单与计价审查对比表（二）格式（表2-10）。

表2-10　　　　　　　　措施项目清单与计价审查对比表（二）

工程名称：　　　　　　　　　　　标段：　　　　　　　　第 页 共 页

序号	项目编码	项目名称	项目特征描述	计量单位	原报审			审查后			调整金额（元）	备注
					工程量	综合单价（元）	合价（元）	工程量	综合单价（元）	合价（元）		
本页小计												
合　计												

编制人：　　　　　　　　　审核人：　　　　　　　　　审定人：

（11）其他项目清单与计价审查汇总对比表格式（表2-11）。

表2-11　　　　　　　　其他项目清单与计价审查汇总对比表

工程名称：　　　　　　　　　　　标段：　　　　　　　　第 页 共 页

序号	项目名称	计量单位	报审结算金额（元）	审定结算金额（元）	调整金额（元）	备注
1	专业工程结算价					
2	计日工					
3	总承包服务费					
合　计						

编制人：　　　　　　　　　审核人：　　　　　　　　　审定人：

（12）规费、税金项目清单与计价审查对比表格式（表2-12）。

表 2-12 规费、税金项目清单与计价审查对比表

工程名称：   标段：   第 页 共 页

序号	项目名称	计算基础	原报审		审查后		调整金额（元）	备注
			费率（%）	金额（元）	费率（%）	金额（元）		
1	规费							
1.1	工程排污费							
1.2	社会保障费							
（1）	养老保险费							
（2）	失业保险费							
（3）	医疗保险费							
1.3	住房公积金							
1.4	危险作业意外伤害保险							
1.5	工程定额测定费							
2	税金	分部分项工程费＋措施项目费＋其他项目费＋规费						
合　　计								

编制人：   审核人：   审定人：

2.2　工程预结算审查的现实问题及审查技巧

2.2.1　工程造价预结算审查的重点

预结算的审核，主要以工程量计算是否正确、单价的套用是否合理、费用的计取是否准确三方面为重点，在施工图的基础上结合合同、招投标书、协议、会议纪要以及地质勘察资料、工程变更签证、材料设备价格签证、隐蔽工程验收记录等资料，按照有关的文件规定进行计算核实。

1. 审查工程量

工程量的计算主要是熟练掌握计算规则，工程量的误差分为正误差和负误差。正误差常表现在土方实际开挖高度小于设计室外高度，计算时仍按图计。楼地面孔洞、地沟所占面积未扣；墙体中的圈梁、过梁所占体积未扣；钢筋计算常常不扣保护层；梁、板、柱交接处受力筋或箍筋重复计算等；正误差表现在完全按理论尺寸计算工程量、项目的遗漏。因此对施工图工程量的审核最重要的是熟悉工程量的计算规则。一是分清计算范围，如砖石工程中基础与墙身的划分、混凝土工程中柱高的划分、梁与柱的划分、主梁与次梁的划

分等。二是分清限制范围，如建筑层高大于 3.6m 时，顶棚需要装饰方可计取满堂脚手架费用，现浇钢筋混凝土构件方可计取支模超高增加费。三是应仔细核对计算尺寸与图示尺寸是否相符，防止计算错误。四是综合费用计算正误差：①措施手段材料一次摊销；②综合费项目内容与定额已考虑的内容重复；③综合费项目内容与冬雨季施工增加费、临时设施费中内容重复。五是对签证凭据工程量的审核主要是现场签证及设计修改通知书，应根据实际情况核实，做到实事求是，合理计量。审核时应做好调查研究，审核其合理性和有效性，不能有签证即给予计量，杜绝和防范不实际的开支。在此基础上核对的工程量是比较客观准确的。

2. 审查套用单价

工程造价定额具有科学性、权威性、法令性，任何人使用都必须严格执行它的形式和内容、计算单位和计量标准，不能随意提高和降低。在审核套用预算单价时要注意如下几个问题。

（1）对直接套用定额单价的审查——首先要注意采用的项目名称和内容与设计图纸标准是否要求相一致，如构件名称、断面形式、强度等级（混凝土标号、水泥砂浆比例）等。其次工程项目是否重复套用。如块料面层下找平层、沥青卷材防水层、沥青隔气层下的冷底子油、预制构件的铁件，属于建筑工程范畴的给排水设施。在采用综合定额预算的项目中，这种现象尤其普遍，特别是项目工程与总包及分包都有联系时，往往容易产生工程量的重复。另外，定额主材价格套用是否合理，对有最高限价的材料的定额套用的规定等。如花岗石、大理石、木地板、外墙装饰板等，主材价格未超过最高限价前，按定额规定，以预算价进入直接费，按实计补价差；主材价格超过最高限价的，则以最高限价进入直接费，按实计补价差。有些机械在施工中没有使用，或者使用的是小机械，但在结算造价中却有这些大型机械费用，改变机械使用型号，比如施工电梯用的是 100m 以内，却套用 130m 的定额；潜水泵使用 $\phi50$ 的，却变成是 $\phi100$ 的等，这要求审计人员细心看出问题，核减价格。

（2）对换算的定额单价的审核——除按上述要求外，还要弄清允许换算的内容是定额中的人工、材料或机械中的全部还是部分，同时换算的方法是否准确，采用的系数是否正确，这些都将直接影响单价的准确性。一般情况下：如果是需要人工单独换算，那么材料和机械就要按定额不能换算；如果是机械需要单独换算，那么人工和材料就不能换算；一定要搞清楚定额的换算规则，不能以偏概全增加换算的范围从而增加造价。

（3）对补充定额的审核——主要是检查编制的依据和方法是否正确，材料预算价格、人工工日及机械台班单价是否合理等。一般补充定额需要当地建设主管部门的备案登记，测定其人材机消耗量的准确性，单价的合理性，工作内容的范围等。通过建设主管部门备案登记的补充定额子目也可以作为其他工程使用。

3. 审核费用

取费应根据当地工程造价管理部门颁发的文件及规定，结合相关文件如合同、招投标文件等来确定取费费率，特别是施工合同，它是约束甲乙双方的法律依据，一些重要的结算方法及取费标准都有所体现。合同的签订要用词准确，不留活口，否则一方面会在结算中出现扯皮现象，另一方面会使建设方遭受损失增加造价，这种现象一般会出现在有经验的施工方与不甚懂工程的建设方之间。另外审核时应注意取费文件的时效性；执行的取费表是否与工程性质相符；费率计算是否正确；价差调整的材料是否符合文件规定。如计算时的取费基础是否正确，是以人工费为基础还是以直接费为基础。对于费率下浮或总价下浮的工程，在结算时特别要注意变更或新增项目是否同比下浮等。曾经遇到过这样一份合同：结算时工程费优惠 5%。实际结算时施工方要求工程直接费优惠 5%，而建设方要求工程总费用优惠 5%，就因为用词不准确从而双方产生矛盾，各执己见，久持不下。合同文件是严肃的、具有法律效力的，在建设方没有专业人员的情况下建议最好聘用有资质的咨询单位或专业人员给予指导，避免出现类似的状况。

2.2.2　工程预结算常见现实问题

由于建设工程预结算的编制是一项很烦琐而又必须很细致地去对待的技术与经济相结合的核算工作，不仅要求编审人员要具有一定的专业技术知识，包括建筑设计、施工技术等一系列系统的建筑工程知识，而且还要有较高的预算业务素质。但是在实际工作中，不论水平好坏，总是难免会出现这样或那样的差错。如定额换算不合理，由于新技术、新结构和新材料的不断涌现，导致定额缺项或需要补充的项目与内容也不断增多。然而因缺少调查和可靠的第一手数据资料，致使换算定额或补充定额含有较大的不合理性；其次高估冒算现象在结算时较普遍，一些施工单位为了获得较多收入，不是从改善经营管理、提高工程质量及社会信誉等方面入手，而是采用多计工程量、高套定额单价、巧立名目等手段人为地提高工程造价。另外，由于工程造价构成项目多，变动频繁，计算程序复杂等均容易造成错误。这就要求造价人员不断提高自身素质，并且采用不同的审核方法重点审核，完善预结算审核。具体表现有以下几个方面。

（1）虚报工作量。认真核对工作量可以避免。

（2）重复报量，重复报洽商。同一变更内容往往会有两份以上的洽商变更。

（3）曲解合同条款。

（4）含糊洽商部位。有一个施工单位上报预算，曾利用洽商含糊不清的部位及建设单位结算人员不熟悉工地及不认真的工作态度，通过一份洽商多要了 600 多万元。

（5）涂改洽商内容。

（6）变换定额编号。

（7）对于人工费取费的工程，更改定额人工费含量达到工程造价的加大。

（8）更改预算软件自动计算的工作量，如高层建筑超高费等。

（9）虚增工作项目。

（10）不光明的手段。

常见结算审查问题经验总结：

【例 2-1】　清单结算时，材料差价、暂估价调整后、清单子目内容有调整时应如何结算，按合同约定？材料差价、暂估价调整后的价格可以按合同约定执行，但如果是清单项目所包括的内容发生变更，增加或减少应如何处理呢？另外，如果甲方规定变更单项子目价格在某限额之内不予调整，应如何规避风险？同时前述的清单内容变更后的价格是否使用该条款呢？

解 在结算时，材料价差、暂估价调整应该按合同约定。清单项的变更有两部分，一是工程量的变化，二是工作内容发生变化。第一种完全按单项子目价格的限额要求调整。第二种要根据合同对设计变更或签证的具体要求。

【例 2 - 2】 招标工程结算中新增项目综合单价的组价，材料价格是按施工单位投标时所报材料价格还是按工程施工过程实际材料价格组价。比如原招标基础为带基，后变更为满堂基础，满堂基础须重新组价？

解 按合同对结算项的具体要求，要分析材料价是否包干及清单项内容发生变化是否引起措施项的变化。如果没有要求，应该按实际材料价格组价，如果清单项发生变化也应重新组价，但必须得到建设单位或监理的认可。

【例 2 - 3】 现在有一个工程，采用清单计价，合同是可调单价合同，决算造价不含甲供材料为 1000 万元，另外有 500 万元甲供材料，甲方认可给我们 10% 采保费，现在要退甲供材料，问题是这 500 万元是否计取措施费及规费？另外，那 10% 采保费 50 万元是否也计取措施费及规费？

解 甲供材料与措施费是两个独立的费用，之间可以没有任何关系。合同签订后如果没有明确的规定措施项是不能变化的，是完成合格工程必须发生的费用。至于甲供材料在退回时，施工单位只留保管费。当然结算额发生变化，规费和税金应该相应地调整。

【例 2 - 4】 如果总包方把防水工程大包给别人，且对方有单价明细（材料费＋人工费）并由甲方签字认可。故我方结算时按甲方认可单价装入结算，但是审计方只同意调整主材费用，不同意调整定额含量和人工费用。原则是 2001 定额市场价、定额量。请问这种情况应如何结算？

解 结算必须依据合同的约定，是否是总包方的大包没有关系。合同约定按实结算，甲方签字是认可的，如果合同有明确约定按定额进行结算，无论甲方是否签字必须找到变更结算依据的证据，如果没有不能认可。

【例 2 - 5】 招标工程的中标价在竣工决算时，工程量变更，能否对投标书部分重新计算，还是只计算变更部分？投标书中的材料价格在竣工决算时能否调整？（签订的是可调价格合同）

解 要根据合同约定，一般只能对变更部分按合同约定的办法进行计算，至于材料价格仍要依据合同约定，如果没有约定只能对变更部分按实结算，投标书部分不应调整。对于特殊情况双方协商解决。

【例 2 - 6】 工程合同签的是固定总价合同，综合单价是按花岗岩沙浆铺设计算的，洽商为改用进口微晶石黏剂铺设，结算时施工单位将原工程量也加大了，请问诸位同行，工程量的变化允许吗？

解 要依据合同对变更条款的约定，从此问题来看，如果合同没有约定，是两个不同的清单项，在结算时变更后的清单项重新组价由建设方确认，工程量是允许变更的。

【例 2 - 7】 有一个工程竣工，正在进行最后结算工作，此工程的承包价很低，而且有近 1/3 的工程量属于甲供材料和甲方分包工程，合同约定工程结算时按 2001 定额及相关取费后下调 10% 执行，而本工程的洽商核减量很大，（甲方工程师在签证时注明，由于一些洽商是我方提出的，不再计入经济变更内，而核减的却计入）如果按合同约定核减部分也按此规定执行，我们的损失较大，本工程的合同价本来很低，而且有很大一部分是甲供材料或甲方分包项目，此部分基本是一个固定数，而作为核减，只能是除了甲方分包及甲供材料之外我们的实际工作量，核减部分不能按此合同执行。

解 结算应该是从预算中先行扣除甲供材料和甲方指定分包工程，所剩工程款作为合同价款，然后按合同约定计算增加的工程项目（按约定下浮）。

【例 2-8】 有一个结算工程是采用工程量清单招标的，发包方在招标时提供的工程量与竣工实际工程量有出入时，按当地部门的规定，应该是多列部分不予扣除，按相应清单量的中标价结算；漏项和少列部分应按建设行政主管部门颁发的计价依据及指导价结算。现在遇到的问题是我们中标的预算书中配电箱安装子目报价太低，主要是预算中配电箱报价过低造成，按规定不能调整。但如果是有些配电箱漏算（甲方发包时的工程量中）是应按中标预算书中的类似配电箱的子目综合单价报结算，还是按实际的设备价格计入子目，按新的综合单价结算？

解 一般来说施工图纸、经甲方签认的施工方案、现场签证单、技术核定单、工程变更单、有效的竣工资料都可以作为结算的依据；但有的甲方会规定作为结算经济依据的资料必须专门签认装订，为避免结算时扯皮尽量在合同中明确约定。

【例 2-9】 工程招标文件和合同规定，结算按当地公报信息价计算主材价格，但在施工中双方签证了主材价格，明显高于当地公报信息价，且监理单位也签字认可，作为审计部门应如何处理？

解 如果合同有约定，应首先执行合同约定。另外监理单位签字，建设单位是否签认，因为有的合同约定监理职责只负责现场情况，涉及费用的必须甲方签认，如果甲方也签认了，可以认为是补充的结算资料，应予计价。

【例 2-10】 某工程（为定额计价）合同约定基础按实结算，结算时发现其基槽开挖宽度大于定额工程量计算规则（即按基础底宽加工作面），建设单位与施工单位发生了分歧，建设单位认为，其超出定额工程量计算规则的，属于施工措施，按合同"超出设计部分不予计量"的规定，只认可按定额工程量计算规则计算的工程量。而施工单位则认为，既然合同约定为"按实结算"，就应按实际开挖的基槽宽度结算。请问：

（1）什么叫"按实结算"？怎样理解？

（2）本工程的基槽该怎样结算？

解（1）按实结算是指按规范要求施工，完成某项成活实际消耗的工作量或费用。

（2）基槽结算首先要看超挖部分发生的原因，如果超挖部分是业主原因或不可抗力造成的，则需要办理设计变更或进行签证，施工后按实际发生量结算。如果是由于施工方的原因，则可认为其没有按规范要求施工，应按规则结算。

【例 2-11】 有一个工程的结算工作，变更和签证很多，在涉及签证的计算理解上有分歧，分歧如下：增加某项工作签证费用 53000 元，但没有注明是否包括了全部费用，因此在计算时是计入直接费内参加计取利润、税金，还是直接计入税前造价，或者直接计入税后造价？另外因为对甲方有优惠 8%，请问签证部分是否还要优惠？

解（1）签证是针对实际发生的费用，一般签证只需另外计取税金，即直接计入税前造价。

（2）签证部分是否优惠要看合同约定，如果有约定则按合同执行，如果没有约定，则需要甲乙双方进行协商。一般来说，优惠是针对该项目而言，而签证也包含在单项工程总造价内，所以也需要优惠。

【例 2-12】　工程完工后，乙方依据后来变化的施工图做了结算，结算仍然采用清单计价方式，结算价是 1200 万元，另外还有 200 万元的洽商变更（此工程未办理竣工图和竣工验收报告，不少材料和做法变更也无签字）。咨询公司在对此工程审计时依据乙方结算报价与合同价格不符，且结算的综合单价和做法与投标也不尽一致，另外施工图与投标时图纸变化很大，已经不符合招标文件规定的条件了。因此决定以定额计价结算的方式进行审计，将结算施工图全部重算，措施费用也重新计算。得出的审定价格大大低于乙方的结算价。而乙方以有清单中标价为由，坚持以清单方式结算，不同意调整综合单价费用和措施费。双方争执不下，谈判陷入僵局。这种分歧应如何判定？

解　首先此工程未办理竣工图和竣工验收报告，不符合结算条件，应在办理竣工图和竣工验收报告后再明确结算的方式，根据双方签订承包合同规定的结算方式进行结算。本工程招标时按照清单报价的方式招标，并且甲乙双方合同约定按照清单单价进行结算，合同约定具有法律效力，那么在工程结算时就应该遵守双方合同的约定，咨询公司作为中介机构是无权改变工程的结算计价方式的。

材料和作法变更无签字不能作为工程结算的依据，应该以事实为依据：如隐蔽工程验收记录、分部分项工程质量检验批、影像资料、双方的工作联系单、会议纪要等资料文件。如果乙方又不能提供这些事实依据，甲方有权拒结相应项目的变更费用。工程在施工过程中出现变更时，甲乙双方应该及时办理相应手续，避免工程以后给结算时带来的扯皮。

在工程施工过程中出现变更，合同中应该有约定出现变更时变更部分工程价款的调整方式和办法：如采用定额计价方式、参考近似的清单单价、双方现场综合单价签证等。再是工程量清单报价中有一张表格"分部分项工程量清单综合单价分析表"，在出现变更时，可以参照这个表格看一下清单综合单价的组成，相应的增减变更的分项工程子目，重新组价，组成工程变更后新的清单单价，但管理费率和利润率不能修改。

【例 2-13】　在结算时，对于总价合同中的清单工程量是否要重新计算？总价合同清单工程中的隐蔽工程是否要签证？招标范围内的隐蔽工程没有按设计要求施工是否需要调整？

解　（1）总价合同即固定总价合同，也就说是一次包死的工程。这种合同一般适用于工程量小，构造简单，工期短，对在施工期内的材料价格和地质情况有充分的预见性，或者在一定的区域范围内有相同的可参照的成品建筑物价格，并能够承担一定的市场风险，才可以签订固定总价合同。对于总价合同中的清单工程量在签订合同前是已经计算过的，没必要重新计算。

（2）总价合同清单工程中的隐蔽工程一定要做隐蔽工程验收记录的，至于是否要做签证，要看是否有变更。

（3）招标范围内的隐蔽工程没有按设计要求施工，是属于变更的内容，需要调整（除非合同约定不调整)。

【例 2-14】　有一项工程，合同价款约定"工程结算按实际发生的工程量和标书中规定的定额及定额信息办理，材料价须经甲方认可，实际价格与定额价格相抵触的，以实际价格为准，结算经当地会计师事务所审计"。现国家审计机关对该项目进行审计，发现会计师事务所在办理结算时结算单价高于标书中规定的定额及定额信息。会计师事务所向国家审计机关出示了工程结算协调会议纪录，会议确认的意见主要是：①主材价格由建施双方提供；②主材不调价差直接进入基价。请问：

(1) 工程结算会议记录能否视为合同约定？

(2) 会计师事务所的做法合理吗？

(3) 国家审计对该问题如何定性？如何处理？

解　(1) 经双方确认的工程结算会议记录可视为合同约定。

(2) 主材价格由建施双方提供，并有确认的原始签证，则会计师事务所的做法合理。

(3) 国家审计对该问题主要核实原始签证确定其真实性而商定该问题的性质。

【例 2-15】　某办公楼工程，施工合同约定：单价与工程数量按照监理审定的分项工程项目的单价与工程数量执行。某分项工程，施工单位报 9000m，监理审定 8000m（编者注：竣工图示 7000m），结算时应按哪个数量为准？监理在现场签证单签证的工程数量没有计算过程，只有数字，与他本人签字认可的隐蔽记录也不相符，当然他签字认可的工程量也不符合相应定额的工程计算量计算规则。这样的现场签证单，具有法律效力吗？能否作为结算的依据？

解　(1) 对于法院来说，如果是没有备案的文件，无论谁都签了字，在法院仲裁的时间是不具备任何法律效力的。签证也就是双方的一个说明书。

(2) 签证应该是在隐蔽的部分或者特殊工艺做法导致可能在竣工图中没法体现才去做的，别的地方去做，容易出问题。因此必须要由一个经验丰富的人去做签证。

(3) 想拿签证赚钱的部分不能去签那些很容易看出来的地方。可能当时没有被发现，但当竣工结算时，会再次结算审核，很容易被发现。根据民事诉讼法的相关规定：人民法院就数个证据对同一事实的证明力，可以依照下列原则认定：①国家机关、社会团体依职权制作的公文书证的证明力一般大于其他书证；②物证、档案、鉴定结论、勘验笔录或者经过公证、登记的书证，其证明力一般大于其他书证、视听资料、证人证言；③原始证据的证明力一般大于传来证据；④直接证据的证明力一般大于间接证据；⑤证人提供的对与其有亲属或者其他密切关系的当事人有利的证言，其证明力一般小于其他证人证言。其中第②项即我们常说的"物证的效力大于书证的原则"，即签证不能违背客观事实，与客观事实相背时以客观事实为准。签证必须要有有效的物证来支撑，真实性是签证的基础，特别是对那些事后仍可轻易复核的工程量。对事后不易复核的工程量，建设单位要小心了，事前不审核好，事后只能认可相关签证，如果签证的工程量大于真实的工程量，也只能理解为建设单位由于某种原因自愿补偿给施工单位。另外，合同的严谨与否也很重要，如果建设单位将签证权完全授权给监理，这时建设单位代表的签字与否反而没有作用了。

【例 2-16】　某工程投标的时候，施工单位为了能低价中标，将措施费这一项定得很低；同样为了能使技术标书评分高点，在施工组织设计中将很多措施（主要为安全措施）

都写得清清楚楚，并且很全面（如果按照施工组织设计的方法做足各项措施，按该施工单位报的措施费用额度是根本不可能做到），结果该施工单位中标了。在实际工程施工中，该施工单位没有按照施工组织设计的要求做足各项措施，只是按照常规做法做好必要的措施，且在每次的质量安全监督检查中，监督部门也没有提出什么异议，一直到完工。竣工结算时，建设单位提出由于该施工单位施工中没有按照技术标书施工组织设计的要求做好各项措施，因此，要将没有做的那部分措施的费用从造价中扣除。

解 措施费项目如果没有做或少做，最多扣除相应部分的措施费用，该费用的计价应按投标价格计算，而不能按照定额计算，定额计算没有依据。但如双方约定了该种情形下按定额计价方法扣除相应的措施费除外。法律层面上要讲等价有偿的原则。如果工程量清单计价方式规定措施费不扣或双方约定不扣的话，则可以不扣；但是如果没有规定或双方没有约定不扣的话，根据上述原则则需要扣除。

【例 2 - 17】 某工程所在地惯例，投标书在预算书前还要有一张主要材料报价单。某工程钢筋单价，材料报价上为 3300 元/t，而预算书中为 3500 元/t。结算时增加了钢筋用量 100t。那么该按哪个价结算呢？该工程采用的是总价中标。

解 这个问题的解决主要看合同中约定的解释优先顺序。一般的优先顺序是：协议书、中标通知书、投标书及其附件、专用条款、通用条款、标准规范及有关技术文件、图纸、工程量清单、工程报价单或预算书。上述情况实际中经常遇到，例如，预算书总造价与报价单上的预算总造价不一致，预算书中主材取定单价与材料报价单不一致，工程造价大小写不一致，等等。大多数是由于投标时间紧，属于笔误，但是在竞争激烈的今天，对于这些失误，人们越来越不谅解了，所以编制投标书时一定得仔细再仔细。如果材料报价在投标书中，应以材料报价为准，投标书及附件的解释顺序在预算书之前。结算时增加了钢筋用量 100t，要看招标文件中如何约定的，如约定为钢筋按图纸用量报，结算时不予以调整。如约定为按定额量报，则结算时按实调整。本案例如果做一个假设，将两个单价调换一下位置，即预算书中是 3300 元/t，而报价单上是 3500 元/t，建设单位是不是会认可呢？这时估计问题会更麻烦。

【例 2 - 18】 某工程项目经招标由某家建筑公司承包，实际施工中，经设计变更，该项目的几处构件取消，造价约 5 万元。在竣工结算扣除该批构件价格时发现，该构件标书中标注的工程量与图纸中显示的量不一致，标书中标示的工程量大于图纸中标示的工程量，施工单位认为应按图纸中标示的工程量扣除，建设单位认为应该按标书中标示的工程量扣除，到底谁的主张对？

解 要看是单价包干合同还是总价包干合同；如果是单价包干合同，则不计算该部分价款；如是总价包干合同，则看包干的基础是图纸还是工程量清单（一般为图纸），如为图纸，则应按图纸计算工程量进行扣减。

【例 2 - 19】 因沥青市场价格飙升，使施工单位中标所签合同无利润可言，施工方以此市场风险为依据，向建设单位方提出价差索赔。

解 （1）以上情况属于情势变更，而目前的法律不承认情势变更。因此，如是固定总价合同、固定单价合同，则一般无法调价。

（2）如果是可调价合同，一般根据约定可以调价。

（3）如果合同无效或者存在建设单位严重违约情况，施工单位也可以以此给建设单位压力，要求调价，但该调价与前述调价是基于不同的基础的。

2.2.3　审查工程结算的技巧

编制工程结算是一项资料多、分析计算量较繁重的工作，有许多政策性和技术性的问题，因此对造价咨询报告的复核审查也是一项技术性、政策性、经济性强的工作。审查的内容主要是工程量计算和预算单价套用是否正确、各项费用标准是否符合现行规定等。如果做好审查前的准备工作和采取合适的审查方法、技巧，那么审查工程预结算就可能取得事半功倍的效果。

1. 做好审查前的准备工作

（1）熟悉施工图纸。施工图是编审结算分项数量的重要依据，必须全面熟悉了解，核对所有图纸，清点无误后依次识读。

（2）了解预结算包括的范围。根据预结算编制说明，了解预结算包括的工程内容。如配套设施、室外管线、道路以及会审图纸后的设计变更等。

（3）弄清所采用的单位估价表。任何单位估价表或预算定额都有一定的适用范围，应根据工程性质，收集熟悉相应的单价、定额资料。

2. 审查基本技巧

为实现工程预结算的快速审查，就要按照从粗到细、对比分析、查找误差、简化审查的原则，对编制的预结算采用对比、逐项筛选和利用统筹法原理迅速匡算等技巧和方法，使审查工作达到事半功倍的实效。

（1）分组计算审查法。分组计算审查法是把预结算中的项目划分为若干组，并把相连且有一定内在联系的项目编为一组，审查或计算同一组中某个分项工程量，利用工程量间具有相同或相似计算基础的关系，判断同组中其他几个分项工程量计算的准确程度的方法。如：

1）地槽挖土、基础砌体、基础垫层、槽坑回填土、运土。

2）底层建筑面积、地面面层、地面垫层、楼面面层、楼面找平层、楼板体积、天棚抹灰、天棚刷浆、屋面层。

3）内墙外抹灰、外墙内抹灰、外墙内面刷浆、外墙上的门窗和圈过梁、外墙砌体。

在第 1）组中，先将挖地槽土方、基础砌体体积（室外地坪以下部分）、基础垫层计算出来，而槽坑回填土、外运的体积按以下确定。

$$回填土量＝挖土量－（基础砌体＋垫层体积）$$

$$余土外运量＝基础砌体＋垫层体积$$

在第 2）组中，先把底层建筑面积、楼（地）面面积计算出来。而楼面找平层、顶棚抹灰、刷白的工程量与楼（地）面面积相同；垫层工程量等于地面面积乘以垫层厚度，空心楼板工程量由楼面工程量乘以楼板的折算厚度；底层建设面积加挑檐面积，乘以坡度系数（平层面不乘）就是屋面工程量；底层建筑面积乘以坡度系数（平层面不乘）再乘以保温层的平均厚度为保温层工程量。

在第3）组中，首先把各种厚度的内外墙上的门窗面积和过梁体积分别列表填写，再进行工程量计算。先求出内墙面积，再减去门窗面积，再乘以墙厚减圈过梁体积等于墙体积（如果室内外高差部分与墙体材料不同时，应从墙体中扣除，另行计算）。外墙内抹灰可用墙体乘以定额系数计算，或用外抹灰乘以 0.9 来估算。

（2）对比审查法。本方法是用已建成工程的预结算或虽未建成但已审查修正的工程预结算对比审查拟建的类似工程预算的又一种方法，对比审查法一般有以下几种情况，应根据工程的不同条件区别对待。

1）两个工程采用同一施工图，但基础部分和现场条件不同，其新建工程基础以上部分可采用对比审查法；不同部分可分别采用相应的审查方法进行审查。

2）两个工程设计相同，但建筑面积不同。根据两个工程建筑面积之比与两个工程分项工程量之比例基本一致的特点，可审查新建工程各分部分项工程的工程量。或者用两个工程每平方米建筑面积造价以及每平方米建筑面积的各分部分项工程预结算是正确的，反之，说明新建工程预结算有问题，找出差错原因，加以更正。

3）两个工程面积相同，但设计图纸不完全相同时，可把相同的部分，如厂房中的柱子、放架、屋面、砖墙等，进行工程量的对比审查，不能对比的分部分项工程按图纸计算。

（3）分解对比审查法。是把一个单位工程，按直接费与间接费进行分解，然后再把直接费按工种和分部工程进行分解，分别与审定的标准预结算进行对比分析的方法。对比分析审查法一般有三个步骤。

第一步，全面审核某种建筑的定型标准施工图或复用施工图的工程预结算，经审定后作为审核其他类似工程预结算的对比基础。而且将审定预结算按直接费与应取费用分解成两部分，再把直接费分解为各工种工程和分部工程预结算，分别计算出它们的每平方米预结算价格。

第二步，把拟审的工程预结算与同类型预结算单方造价进行对比，若出入在 1‰～3‰ 以内，根据本地区要求，再按分部分项工程进行分解，边分解边对比，对出入较大者，作进一步审核。

第三步，对比审核。其方法是。

1）经分析对比，如发现应取费用相差较大，应考虑建设项目的投资来源和工程类别及其取费项目和取费标准是否符合现行规定；材料调价相差较大，则应进一步审查材料调价统计表，将各种调价材料的用量、单位价差及其调增数量等进行对比。

2）经过分解对比，如发现土建工程预结算价格出入较大时，再进一步对比各分项工程或工程细目。在对比时，先检查所列工程细目是否正确，预结算价格是否一致。发现相差较大者，再进一步审查所套预算单价，最后审核该项工程细目的工程量。

（4）其他审查方法。

1）全面审查法。对于一些工程量比较小、工艺比较简单的工程，编制工程预结算的技术力量又比较薄弱，可采用全面审查法。此方法具体审查过程与编制预算基本相同，比较全面、细致，经审查的工程预算差错比较少，质量比较高，但工作量大。

2）重点抽查法。重点审查工程量大或造价较高、工程结构复杂的工程，补充单位估价表，计取的各项费用的计费基础、取费标准等。此方法审查时间短，重点突出，效果好。

3）利用手册审查法。把工程常用的预制构配件，如洗池、大便台、检查井、化粪池、碗柜等按标准图集计算出工程量，套上单价，编制成手册，利用手册进行审查，可大大简化预结算的编审工作。

4）筛选审查法。建筑工程虽然有建筑面积和高度的不同，但是它们的各个分部分项工程的工程量、造价、用工量在每个单位面积上的数值变化不大，把这些数据加以汇集、优选、归纳为工程量、造价、用工三个单方基本值表，并注明其适用的建筑标准。这些基本值犹如"筛子孔"用来筛选各分部分项工程，筛下去的就不审查了，没有筛下去的就意味着此分部分项的单位建筑面积数值不在基本值范围之内，应对该分部分项工程详细审查。此法适用于住宅工程或不具备全面审查条件的工程。

3. 施工单位结算审查的技巧

（1）该进则进，该退则退，学会抓大放小。刚开始核对的工作量、定额编号及价格要搞准确，给对方留下好的印象，为下一步打下基础。对数量大、价格高的项目要坚持原则，据理力争，对一些量少的问题，也可做一些让步。

【例 2-20】 某工程在结算审核时，甲乙双方开始对地下室的梁、板、柱混凝土量时，双方相差合计不足 $1m^3$ 的混凝土量，但建设单位在未征得施工单位同意的情况下就要扣减，本来扣减的量并不大，但施工单位认为结算审核工作才刚刚开始，不能给对方任意扣除，给下一步留下不必要的麻烦。于是施工单位坚决不让步，并与对方据理力争，重新核对工程量，最后建设单位确认施工单位的数量是正确的。

解 通过一个小事例，给建设单位留下了施工单位对结算是认真、细致、心中有数的印象，在后面审核过程中若碰到有争议的事，建设单位也就比较好商量了。

（2）心中有数，力求准确，并留有余地。当前的工程结算审价，一般是建设单位委托审价单位，而中介往往是以核减额收取审价费用，因此他们会想方设法将工程造价减下去。所以施工单位编制出来的工程竣工结算要做到心中有数，力求准确，并留有余地，最好在允许范围内的上限，以使双方在审核过程中都容易接受。

（3）抓住重点，摸清对方审查重点。工程审价，一般是有审查重点的。在结算核对中，施工单位要善于摸清审价方的工作重点与底牌，这样方能立于不"亏"之地。

4. 建设单位结算审查的技巧

（1）项目归纳审核法。对于同一小区内的群组工程审查，项目归纳法是较好的方法，其做法是。

1）首先，确定总体审核方案，根据不同结构形式、不同建筑风格、有无地下室，分别归类，并挑选有代表性的工程为主要审核对象，将其他特殊情况剔除。

2）对挑选出的审查对象计算工程量。

3）深入施工现场搞调研，核定新材料、新工艺的分项定额，即单方工、料、机，实际发生的基础数据。

4）对工程使用的材料，深入市场调研摸清底价，为编制材料补充核算价格提供基础数据。

　　5）依据预算定额编制原则，根据现场测定资料编制有关分项定额。

　　6）编制有代表性的工程的工程预算，确定其统一价格标准。

　　7）在以上步骤的基础上，将其他工程按不同结构形式计算出建筑面积，计算出有代表性的工程在其中所占比例，代入统一价格标准。再将剔除的特殊情况部分，按实际计算出价格。汇总在一起，审核出既有说服力，又能使甲乙双方都接受的统一预算价格。

　　这种方法能解决时间紧、工作量大、小区内各施工单位报价不一致的问题。对大面积的预算审查，是一种简便可行的方法。

　　【例 2 - 21】　某多层住宅小区共 23 栋，其中：框架结构 41300m²，混凝土小型空心砌块承重结构 71800m²，总面积为 113000m²。由于施工面积大、工期紧、施工队伍多、施工中设计变更多；施工图预算编制人员受其所处位置，对图纸理解的深度、观点、方法、水平各异，加之不正当的获利手段，原本结构相同、建筑形式相同的工程，出自不同单位、不同人员之手，所报预算造价上下浮动很大。针对此种情况，如逐栋进行编审，时间长、前后不衔接，难免有不一致地方。会给审价工作带来负面影响，因此审价人员采取了项目归纳的综合审查方法，使工作进展顺利，取到较好的效果。

　　（2）全面审查法。该法指按照国家或行业建筑工程预算定额的编制顺序或施工的先后顺序，逐一全部进行审查的方法。具体审查过程与编制施工图预算基本相同。此方法的优点是全面、细致，经审查的工程造价差错比较少、质量比较高，但工作量较大，重复劳动。

　　这种方法常常适用于以下情况。

　　1）技术力量薄弱或信誉度较差的施工单位。

　　2）投资不多、工程量小、工艺简单的项目，如维修工程。

　　3）工程内容比较简单（分项工程不多）的项目，如围墙、道路挡土墙、排水沟等。

　　4）建设单位审查施工单位的预算。

　　【例 2 - 22】　某高层住宅，建筑面积 5.7 万 m²，24 层檐高 65m，地下一层，全现浇剪力墙结构，因工程量大，钢筋含量高，混凝土占很大的比重，因此对工程量的把关及有关施工措施费的审核就成为审核高层住宅结算的主要工作。施工单位报价 1793 元/m²（不包括基础处理），审核后为 1559.32 元/m²（包括基础处理）。

　　解　该工程采用全面审核法进行审核，这种审查方法审核的预算造价准确率高，而另一方面则是工作量大，但对控制高层住宅的工程造价，能收到很好的效果。

　　（3）重点审查法。这种方法类同于全面审查法，其与全面审查法之区别仅是审查范围不同而已。该方法有侧重点，有选择地对施工图结算部分价值较高或占投资比例较大的分项工程量进行审核。如砖石结构（基础、墙体）、钢筋混凝土结构（梁、板、柱）、木结构（门窗）、钢结构（屋架、模条、支撑），以及高级装饰等；而对其他价值较低或占投资比例较小的分项工程，如普通装饰项目、零星项目（雨篷、散水、坡道、明沟、水池、垃圾箱）等，审查者往往有意忽略不计，重点核实与上述工程量相对应的定额单价，尤其重点审查定额子目档次易混淆的单价（如构件断面、单体体积），其次是混凝土强度等级，砌筑、抹灰砂浆的强度等级换算。这种方法在审核进度较紧张的情况下，常常用于建设单位审核施工单位的结算。此种方法比全面审核法范围小，因此在划定是采用全面审核法，还是重点审查法时，要针对工程的特点决定采取何种方法。

【例 2-23】 在审查某小区小学时，采用重点审核方法，因该工程为砖混（多孔砖）现浇梁板结构，与通常该市所建造的小学无太大差别，只是差在建筑材料的变化上，由普通机砖改为多孔砖，设施更完善一些，而施工单位报价与经验出入较大。因此对其中混凝土梁板、砌体及设施、装修等方面作重点审核，对生项及换算定额部分，重点审核。施工单位报价 978.80 元/m^2，审定价为 749.51 元/m^2。

解 采取这种方法，与全面审核法比较，工作量相对减少，而效果却不差。

（4）标准对比审查法。指对于利用标准图纸或通用图纸施工的工程项目，先集中审核力量编制标准预算或结算造价，以此为标准进行对比审核的方法。这种方法一般应根据工程的不同条件和特点区别对待。一是两个工程采用同一个施工图，但基础部分和现场条件及变更不尽相同。其拟审工程基础以上部分可采用对比审核法；不同部分可分别计算或采用相应的审核方法。二是两个工程设计相同，但建筑面积不同，可根据两个工程建筑面积之比与两个工程分部分项工程量之比例基本一致的特点，将两个工程每平方米建筑面积造价以及每平方米建筑面积的各分部分项工程量进行对比审查，如果基本相同时，说明拟审工程造价是正确的，或拟审的分部分项工程量是正确的。反之，说明拟审造价存在问题，应找出差错原因，加以更正。三是拟审工程与已审工程的面积相同，但设计图纸不完全相同时，可把相同部分，如厂房中的柱子、房架、屋面、砖墙等进行工程量的对比审核，不能对比的分部分项工程按图纸或签证计算。这种方法的优点是时间短、效果好、定案容易。缺点是只适用按标准图纸设计或施工的工程，适用范围小。这种方法看起来似乎简单，但使用的先决条件是掌握大量的数据和有丰富经验。

（5）指标审查法。审核单位建筑工程施工图预算中所确定的每平方米建筑面积的造价指标，并分析该单位工程的建筑结构类型，主要结构部位的选用及建筑时间等有关因素，与该地区相同或相近建筑工程的平均造价指标相对比，以此确定该建筑工程预算造价的高低程度，初步估测其中不真实费用所占用的比例，从而明确审核重点。

该方法是在总结分析预结算资料的基础上，找出同类工程造价及工料消耗的规律性，整理出用途不同、结构形式不同、地区不同的工程造价、工料消耗指标。然后，根据这些指标对审核对象进行分析对比，从中找出不符合投资规律的分部分项工程，针对这些子目进行重点审核，分析其差异较大的原因。常用的指标有以下几种。

1）单方造价指标：元/m^3、元/m^2、元/m 等。

2）分部工程比例：基础、楼板屋面、门窗、围护结构等各占定额直接费的比例。

3）各种结构比例：砖石、混凝土及钢筋混凝土、木结构、金属结构、装饰、土石方等各占定额直接费的比例。

4）专业投资比例：土建、给排水、采暖通风、电气照明等各专业占总造价的比例。

5）工料消耗指标：即钢材、木材、水泥、砂、石、砖、瓦、人工等主要工料的单方消耗指标。

【例 2-24】 某地区有一框架结构 9 层建筑工程，房改房装修标准，建筑面积约为 2000m^2，夯扩桩基础，没有地下室，该工程土建部分造价 2600000 元，钢筋总量为 108t：

其中定额钢筋含量为76t，施工预算调增32t，合同约定为二类工程计费。审价人员分析：土建造价指标：1300 元/m²，指标过高（该地区该种房屋的平均造价指标水平低于 1100 元/m²）。钢筋消耗量指标 54kg/m²，指标偏高（该地区多层结构没有地下室、桩基础的情况下，钢筋消耗量水平在 40kg/m² 左右）。通过对指标水平的衡量，得出要对钢筋的实际用量进行详细审查，检查施工单位钢筋抽料表，或者自己进行钢筋抽料。

(6) 分组计算审查法。指把结算中的项目划分为若干组，并把相连且有一定内在联系的项目编为一组，审查或计算同一组中某个分项工程量，利用工程量间具有相同或相似计算基础的关系，判断同组中其他几个分项工程量计算的准确程度的方法。施工图预算项目数据成千上万，对初学者来说，乍一看好像各项目、各数据之间毫无关系。其实不然，这些项目、数据之间有着千丝万缕的联系。只要我们认真总结、仔细分析，就可以摸索出它们的规律。我们可利用这些规律来审核施工预算，找出不符合规律的项目及数据，如漏项、重项、工程量数据错误等，然后，针对这些问题进行重点审核。

(7) 利用手册审查法。

(8) 筛选审查法。

(9) 易错点审查法。由于结算人员所处角度不同、立场不同，则观点、方法亦不同。在结算编制中，不同程度地出现某些易错点。

施工单位的结算常常出现以下易错点。

1) 工程量计算正误差：①毛石、钢筋混凝土基础 T 形交接重叠处重复计算；②楼地面孔洞、沟道所占面积不扣；③墙体中的圈梁、过梁所占面积不扣；④挖地槽、地坑上方常常出现"挖空气"现象；⑤钢筋计算常常不扣保护层；⑥梁、板、柱交接处受力筋或箍筋重复计算；⑦楼地面、墙面各种抹灰重复计算；⑧圈梁带过梁的，计算出过梁后却不从圈梁中扣减。

2) 定额单价高套正误差：①混凝土强度等级、石子粒径；②构件断面、单件体积；③砌筑、抹灰砂浆强度等级及配合比；④单项脚手架高度界限；⑤装饰工程的级别（普通、中级、高级）；⑥地坑、地槽、土方三者之间的界限；⑦土石方的分类界限。

3) 项目重复正误差：①块料面层下找平层；②沥青卷材防水层，沥青隔气层下的冷底子油；③属于建筑工程范畴的给排水设施，在采用定额预算的项目中，这种现象尤其普遍。

4) 综合费用计算正误差：综合费项目内容与定额已考虑的内容重复。

而设计单位和建设单位的预算人员或施工单位的初学者却常常犯有另一方面的易错点。

1) 工程量计算负误差：完全按理论尺寸计算工程量。

2) 预算项目遗漏负误差：缺乏现场施工管理经验、施工常识，图纸说明遗漏或模糊不清处理常常遗漏。

由于上述常易错点具有普遍性。审核施工图预算时，可根据这些线索顺藤摸瓜，剔除其不合理部分，补充完善预算内容，准确计算工程量，合理取定定额单价，以达到合理确定工程造价之目的。

(10) 薄弱控制点的审查。

1）建筑物的基础等属隐蔽工程，隐蔽工程施工一完成，工程量结算只能根据设计图纸和隐蔽工程签证材料，具体表现为以下薄弱点的有效控制。

一是桩基础桩长的测定。各种桩基础在施工中桩长的测定直接关系到桩基的造价，现场控制主要是责成施工单位做好打桩现场记录，只要原始资料记录桩的规格、长度、方位完整，专业概预算员即可根据计算规则如实地计算桩基的工程量，确定桩基础的工程造价。

二是基础土方开挖、填运量的测定。在项目施工过程中，土方大开挖深度测定应根据基础各方位实际开挖的基底标高算至自然地坪标高做出的施工记录。回填材料除原地挖出的土方外，砂、石等材料回填应根据实际外运回填数做出的记录，以便计算砂基、垫层等项目的工程量，在实际施工中，有些土方开挖深度记录不清楚，可能重复或多结算挖土方、砂基础、基础垫层、砖石、混凝土基础等项目的工程量。

三是±0.000 的测定。建筑物室内地坪±0.000 是一个相对数，施工时应明确参照某一固定建筑物的标高，并在基础方位上树立标志，以便复核土方开挖、回填等项目的高度。在实际中，有些项目室内±0.000 标志和室外自然地坪标志由于土方堆积，标志不明确，造成室内外回填厚度和土方开挖深度难以确定，仅凭施工单位提供数据，可能造成多计工程量。让施工单位有空可钻，多结算工程价款。

四是混凝土、砌筑砂浆的强度等级。应采用随机抽取样品进行"试块"试验，确定其性能指标是否达到标准，现场监督混凝土、砌筑砂浆的搅拌是否按标准投料，有无偷工减料等问题。

五是钢筋的质和量。核对所用钢筋是否经有资质机构质量评定合格，所用批号与试验报告单批号是否一致，钢筋制安分布规格是否与图纸设计标明相一致，是否按图规范施工，看是否有以次充好、偷工减料等问题。

六是屋面隔热层。现场几油几毡应如实记录和控制，避免涂油膏的厚度不足，偷工减料，有些建设单位驻工地代表缺乏责任心和对专业知识的了解，即使不在施工现场也在施工单位出具的四油三毡的签证单上签名表示验收。

七是三化池施工。三化池一般按标准图集规格编号以个为单位套定额综合单价结算。该项目是整个建筑物及附属配套工程中项目单价高且最容易偷工减料的项目，现场监督关键是要求按标准图集施工，做到尺寸不减，水泥强度等级不偷，施工项目不漏，材料不替换。

2）目前装修项目工程特别是高级装修项目的装修材料日新月异、不断更新，装修市场材料价格混乱，使一些高级装修项目单价取定没依据，凭面议，工程量计算没按规则，凭表面测量，如招牌灯箱计算既可按不同规格及用料标准制成品每平方米计算单价，也可将工程分解成铁架、灯箱片、日光灯、不锈钢板等分项变相提高每平方米单价。因此，装修工程项目控制点主要是单位价格和现场丈量两大因素，单位价格在没有发布价格的情况下可参照所用主要材料的价格和所用材料的同一性。外购成品或材料，由于市场品种繁多，价格不一，因此要在对市场进行调查的基础上确定材料规格、品牌的价格，避免以次充好、以假充真，影响工程质量和造价。

5. 中介方审查结算的方法

与建设单位结算审查所用方法基本相同。

2.2.4　结算的复审

复审是指由造价咨询机构对已经由其他咨询机构审价过的项目进行再审价的活动。由于复审是对已经进行过审价的项目进行重新审价，故存有较大的修改原审价结果的可能性。

1. 复审的原则

（1）复审效力优越。复审结论应优越于第一次审价结论，复审的结果就是甲方进行结算的依据，而第一次审价结果自然失效，这当然要建立在复审是符合程序要件的前提下。

（2）双方接受复审。由于复审涉及多方，因此委托复审、复审效力的实现很大程度上依赖于甲方、乙方的确认，如果有一方不愿意复审，则不能进行。

（3）争议部分复审。在复审时应尽可能不要触及在第一次审价时双方已达成一致意见的部分，扩大复审范围应获得甲方、乙方的确认。

（4）复审只进行一次。无论复审结果如何，任何一方不能再进行委托审价。

2. 优点

复审对于发现和纠正审价中的偏差、促使咨询机构在审价过程中更重视审价结论的真实性和准确率方面还是有作用的，但如果不能正确处理好复审在实践中的操作问题，尤其是操作程序上的问题，复审将弊大于利。

3. 缺点

（1）拖延结算时间。由于审价工作需要一定的工作时间，而且在审价过程中由于种种原因很容易造成审价"旷日持久"，而复审作为二次审价，在时间上付出的代价可想而知。因此很显然，复审必然会大大拖延对结算价格的确定期限，使结算时间拖后。

（2）使造价结算复杂化。审价的目的是对工程结算的准确性进行确认，正常情况下，经由造价咨询机构审价后的结果是甲方与乙方进行结算的依据，而且甲方应在审价报告出具后、施工合同约定时间内履行支付工程价款的义务。但由于委托复审，使甲方的付款时间、数额又不明确了，尤其是当前后审价结果不一致时，甲方、乙方会各执一词，要求按对自己有利的那个审价结果进行结算。

（3）造成同行间不良竞争。甲方委托复审的时间一般都是处在第一次审价结果基本已经出具的时候，同时由于是甲方委托复审，其委托的原因往往是对第一次审价的结果不满意，这就容易使得甲方在寻求复审时会流露出对第一次审价单位的不满并要求进行复审的咨询机构对部分内容进行有针对性的修正，而接受复审委托的咨询机构在进行审价时就有了参照标准，甚至对委托方作出某种承诺，这些都有违公平、公正原则。

4. 复审程序

复审可以分为两种，一种是出现争议后由一方申请管理部门，即当地造价主管部门进行复审；另一种是甲方、乙方、审价机构（包括初审和复审机构）事先约定。对于第一种，甲方或乙方中任何一方皆可向管理部门提出书面复审申请，申请中应包括初审审价报告、争议事项等内容，申请提出的时间期限为有效的初审报告出具后、三方审定单签订前。对未形成效力的审价报告，管理部门首先是在各方接受前提下进行调解；对于审定单签订后的审价结果不能进行复审。管理部门征得相对方的书面同意后，方可向双方推荐咨询机构进行复审。对于第二种，应在形式要件上加以严格控制，必须做到全部由合同事先约定，并且复审期限不能超越施工合同约定的结算期限。目前许多甲方在所委托的咨询机构完成审价后，其上级部门又会再委托进行审价，此类情况与以内审和外审的形式进行两次审价、对全过程造价咨询的项目进行竣工审价一样，都应事先约定，否则应视为擅自委托复审。对接受擅自委托复审的审价行为，其结论应视为无效。

其次，法院受理造价纠纷的诉讼案件，经常需要委托一家咨询机构进行司法审价，名为"司法审价"，做法与一般审价一样，而且许多情况下司法审价的对象是在诉讼前已经审价的，因此，在诉讼中的复审是普遍的。

第3章 工程结算书的编制

3.1 预算标底编制

3.1.1 预算书的组成及编制

(1) 预算书由成本部经理组织各专业造价工程师、预算员或造价咨询单位进行编制。在收到项目部提供的有效施工图纸（另见有效性的具体规定）后，编制按照下述流程进行：明确预算编制范围→计量→计价→自查→技术经济指标分析→校对→审核→存档。

(2) 预算编制的依据是图纸、招标文件、工程量计算规则、建设工程工程量清单计价规范、成本信息数据库、信息价、定额以及政府造价部门发布的计价文件等；预算编制的目的是满足成本目标管理的需要、确定招标项目的标底（投标上限）、优化材料设备选型、进行工程款支付、确定合同价。

(3) 预算书由封面、编制说明、预算汇总表、各专业分部分项工程计价表、主要材料设备清单组成。

(4) 预算书按单位工程编制，按单项工程汇总装订成册。

(5) 预算书由兼职资料员统一编号，行政部备案。编号的原则是：首先以合同编号为依据，按开发项目进行分类，开发项目分期建设，还须用两位阿拉伯数字标明分期数，如ywc01（义乌城一期），"00"表示项目不分期；其次是用ys与js区分预算和结算；最后按预算编制的先后顺序进行排序，以三位阿拉伯数字表示，如001、122。示例如下：ywc01—ys—018。

(6) 编制说明应有工程范围（招标范围）、编制依据、预算价款、暂定事项（暂定量、暂定价）、措施项目等内容的详细说明。

(7) 主要材料设备清单主要是用来确定甲购与甲定乙购材料设备清单、进行材料设备的选型定版与优化。因此对于金额较大、信息价与实际采购价差异较大、材料品牌差异（质量、价格）较大、质量要求较高、对楼盘的素质影响较大的一些材料设备，均应纳入主要材料设备清单。

(8) 工程量计算书要求分类汇总装订成册，有系统的索引编号，能方便地查阅、校对、审核以及工作移交。工程量计算要求数据准确，本部门认可采用广联达、福莱这两类工程量计算软件计算的工程量。预算审核完成后，工程量计算书与电子文档及时移交资料员保管。

3.1.2 预算书校对、审批

(1) 校对、审核的内容包括预算编制范围、工程量计算书、分部分项工程子目套价以及预算文件的完整性，编制与校对不能为同一人。

（2）预算书形成正式文件，须经过编制、校对、部门经理审核三道程序；当预算金额用于确定拟委托项目合同价时，预算书报副总审核、总经理审批后才能生效。各项目分管经理办理审批手续。

（3）预算经部门经理审核完成后，预算书、主要材料设备清单、工程量计算书一起交部门兼职资料员存档。

（4）预算金额用于确定拟委托项目合同价时，应尽量在合同签定前完成预算书的核对工作；条件不具备时，也应在合同中约定具体的核对时间，在履约过程中完成；禁止采取暂定价，合同履约完成后按实结算。

（5）预算编制工作委托社会咨询机构完成，部门内部的校对、审核可参照此管理办法执行。

（6）预算编制完成，应及时完成单位工程技术经济指标分析，提炼有参考价值的"实物经济指标"，以便指导成本测算工作。

【例 3 - 1】 ×××楼预算标底。

工 程 概 预 算 书

工程名称： ×××学附属中学初中楼教室粉刷、学生宿舍楼护栏维修、文艺厅灯光改造　　工程地点：

建筑面积： m³　　　　　　　　　　　　结构类型：

工程造价： 942467.36 元　　　　　　　单方造价： 元/m²

建设单位：　　　　　　　　　　　　　设计单位：

施工单位：　　　　　　　　　　　　　编制人：

审核人：　　　　　　　　　　　　　　编制日期：

建筑单位： （公章）　　　　　　　　　施工单位： （公章）

工 程 结 算 与 决 算

单 位 工 程 费 用 表

工程名称：×××楼教室粉刷工程

序号	费 用 名 称	费率（%）	费用金额（元）
1	直接工程费		124333.19
2	其中：人工费		78548.3
3	措施费		31677.32
4	其中：人工费		18231.17
5	措施费 1		19965.12
6	措施费 2		11712.2
7	直接费小计		156010.51
8	企业管理费	14.8	23089.56
9	利润	7	12537
10	规费		22975.45
11	其中：社会保险费	17.31	16752.53
12	住房公积金	6.43	6222.92
13	税金	3.48	7468.52
14	总造价		222081.04

单 位 工 程 概 预 算 表

工程名称：×××楼教室粉刷工程　　　　　　　　　　　　第 1 页　共 2 页

序号	编号	名称	工程量		价值（元）		其中（元）	
			单位	数量	单价	合价	人工费	材料费
	一	首层						
1	2-7	天棚水泥砂浆面层拆除	m²	403	9.64	3885	3752	20.15
2	5-554	墙柱面涂料层清理	m²	395	2.34	924.4	880.9	19.75
3	6-41	压条、装饰线拆除	m	221	0.56	123.6	108.1	11.03
4	11-15	渣土运输 五环以外	m³	12.1	58.3	705.2	436.2	3.75
5	补充材料	渣土消纳费	m³	14	46	642.2		642.16
6	借13-1	天棚抹灰 粉刷石膏10mm厚 预制板	m²	403	18.2	7343	4433	2724.3
7	5-604	天棚耐水腻子新做 预制板	m²	403	13.4	5408	4026	1265.4
8	5-611	天棚涂料新做 高级乳胶漆	m²	403	16.2	6537	3361	3074.9
9	5-581	内墙耐水腻子新做 水泥面	m²	408	7.15	2917	2020	832.32
10	5-589	内墙乳胶漆新做 高级乳胶漆	m²	408	11.7	4753	2097	2578.6
11	6-73	石膏角线安装 宽100mm以内	m	110	7.58	833.8	256.3	561
		分部小计				34072	21370	11733
	二	二层						
1	2-7	天棚水泥砂浆面层拆除	m²	503	9.64	4849	4683	25.15
2	5-554	墙柱面涂料层清理	m²	448	2.34	1048	999	22.4
3	6-41	压条、装饰线拆除	m	220	0.56	123.2	107.8	11
4	11-15	渣土运输 五环以外	m³	15.1	58.3	880.2	544.5	4.68
5	补充材料002	渣土消纳费	m³	16.7	46	767.7		767.74
6	借13-1	天棚抹灰 粉刷石膏10mm厚 预制板	m²	453	18.2	8258	4986	3064
7	5-604	天棚耐水腻子新做 预制板	m²	503	13.4	6750	5025	1579.4
8	5-611	天棚涂料新做 高级乳胶漆	m²	503	16.2	8159	4195	3837.9
9	5-581	内墙耐水腻子新做 水泥面	m²	448	7.15	3203	2218	913.92
10	5-589	内墙乳胶漆新做 高级乳胶漆	m²	448	11.7	5219	2303	2831.4
11	6-73	石膏角线安装 宽100mm以内	m	110	7.58	833.8	256.3	561
		分部小计				40092	25317	13619

序号	编号	名称	工程量		价值（元）		其中（元）	
			单位	数量	单价	合价	人工费	材料费
	三	三层						
1	2-7	天棚水泥砂浆面层拆除	m²	503	9.64	4849	4683	25.15
2	5-554	墙柱面涂料层清理	m²	448	2.34	1048	999	22.4
3	6-41	压条、装饰线拆除	m	375	0.56	209.9	183.6	18.74
4	11-15	渣土运输 五环以外	m³	15.1	58.3	880.2	544.5	4.68
5	补充材料002	渣土消纳费	m³	16.7	46	767.75		767.74
6	借13-1	天棚抹灰 粉刷石膏10mm厚 预制板	m²	503	18.2	9165	5533	3400.3
7	5-604	天棚耐水腻子新做 预制板	m²	503	13.4	6750	5025	1579.4
8	5-611	天棚涂料新做 高级乳胶漆	m²	503	16.2	8159	4195	3837.9
9	5-581	内墙耐水腻子新做 水泥面	m²	448	7.15	3203	2218	913.92
10	5-589	内墙乳胶漆新做 高级乳胶漆	m²	448	11.7	5219	2303	2831.4
1	6-7	石膏角线安装 宽100mm以	m	11	7.5	833	256	56
1	3	内		0	8	8	3	1
		分部小计				41085	25940	13963
	四	四层						
1	1-53	空调拆除及恢复						
		变风量末端装置拆除	台	37	47.2	1748	1615	24.42
2	1-65	VAV变风量末端装置安装	台	37	198	7337	4307	2697.7
	23-078	变风量末端装置	台	37				
		分部小计				9085	5922	2722.1
		合　计				1E＋0.5	78548	42037

单位工程人材机汇总表

工程名称：×××楼教室粉刷工程　　　　　　　　　　　　第 1 页　共 2 页

序号	材 料 名	单位	材料量	市场价	市场价合计
1	综合工日	工日	153.5953	97	14898.74
2	综合工日	工日	731.7025	97	70975.14
3	综合工日	工日	44.4	97	4306.8
4	圆钢 ϕ10 以内	kg	61.568	3.46	213.03
5	槽钢 16 以内	kg	549.08	3.42	1877.85
6	钢丝绳 8.4	m	4.368	3.1	13.54
7	石膏角线 100mm 以内	m	339.9	4.6	1563.54
8	弹簧垫圈 8	个	313.76	0.02	6.28
9	镀锌六角螺母 8	个	313.76	0.07	21.96
10	膨胀螺栓 ϕ10	套	153.92	2.47	380.18
11	镀锌铁丝	kg	74.424	6.25	465.15
12	石棉橡胶板	kg	10.73	8.53	91.53
13	玻璃纤维布	m²	10.56	2.8	29.57
14	石膏粉	kg	38.043	0.6	22.83
15	滑石粉	kg	614.324	0.59	362.45
16	羧甲基纤维素	kg	12.681	20	253.62
17	石膏胶粘剂	kg	69.96	1.03	72.06
18	室内乳胶漆	kg	295.68	16.3	4819.58
19	室内乳胶漆	kg	134.64	16.3	2194.63
20	水性封底漆（普通）	kg	381.395	6	2288.37
21	耐水腻子（粉）	kg	4098.459	1.42	5819.81

续表

序号	材 料 名	单位	材料量	市场价	市场价合计
22	稀释剂	kg	61.996	11.7	725.35
23	乳胶漆 HTN	kg	172.529	16.3	2812.22
24	乳胶漆 HTN	kg	310.758	16.3	5065.36
25	耐碱玻纤布	m	2265.462	0.18	407.78
26	砂纸	张	408.61	0.26	106.24
27	棉丝	kg	1.85	12	22.2
28	粉刷石膏抹灰砂浆	m³	14.6799	460	6752.75
29	界面砂浆 DB	m³	4.0778	459	1871.71
30	1∶0.5∶1混合砂浆	m³	1.409	368.5	519.22
31	1∶1∶4建筑胶水泥浆	m³	1.5499	497.1	770.46
32	其他材料费	元	887.3117	1	887.31
33	渣土消纳费材料费	元	47.34	46	2177.64
34	载重汽车5t	台班	5.712	193.5	1105.27
35	其他机具费	元	1985.1941	1	1985.19
36	中小型机械费	元	2347.8255	1	2347.83
37	钢管	m	7585.2	0.2	1517.04
38	木脚手板	块	336	12	4032
39	变风量末端装置	台	37		
40	扣件	个	2765.28	0.15	414.79
41	底座	个	255.36	0.15	38.3
	合 计				144235.32

单 位 工 程 费 用 表

工程名称：文艺厅灯光改造工程   第 1 页 共 1 页

序号	费 用 名 称	费率（%）	费用金额（元）
1	直接工程费		466048.63
2	其中：人工费		80708.18
3	措施费		30000.51
4	其中：人工费		14929.23
5	措施费1		9968.73
6	措施费2		20031.78
7	直接费小计		496049.14
8	企业管理费	60.61	57965.83
9	利润	24	36864.78
10	规费		18668.42
11	其中：社会保险费	14.23	13609.2
12	住房公积金	5.29	5059.22
13	税金	3.48	21212.28
14	总造价		630760.45

单 位 工 程 概 预 算 表

工程名称：文艺厅灯光改造工程　　　　　　　　　　　　第 1 页　共 4 页

序号	编号	名称	工程量		价值（元）		其中（元）	
			单位	数量	单价	合价	人工费	材料费
	一	北京农大附中文艺厅（照明）改造工程						
1	3-23	天棚块料面层补换	m²	613	54.49	33402.4	9887.7	22723.91
2	4-85	配电箱、盘拆除 半周长（1.5m 以内）	套	1	35.09	35.09	31.92	0.71
3	11-45	工厂灯拆除 高压钠灯	套	25	56.86	1421.5	1302	19.25
4	10-276	管内配线拆除导线截面（4mm² 以内）	100m	8.56	27.52	235.57	215.71	3.25
5	借 12-47	LED 体育场馆 150W	套	25	1645	41115.8	2278.5	832.5
	27-001@1	LED 体育场馆 150W	套	25.25	900	22725		
	27-067@2	光源	个	50.5	300	15150		
6	借 8-70	电缆穿导管敷设 1kV 铜芯电缆 电缆截面 6mm² 以内	m	260	17.39	4521.4	348.4	98.8
	36-001@4	ZR-YJV-3×4	m	262.6	15.41	4046.67		
7	借 8-253	户内热缩式电缆终端头制作安装 1kV 以下 4×6mm² 以内	个	12	155.1	1860.72	340.68	653.4
	35-002@1	接地编织铜线	m	12	20	240		
	29-001@1	电缆终端头	个	12.24	50	612		
8	借 11-26	焊接钢管敷设 砖、混凝土结构明配 公称直径 32mm 以内	m	260	29.27	7610.2	2948.4	4440.8
9	借 4-38	配电箱墙上（柱上）明装 规格 回路 8 以内	台	1	3653	3653.04	89.8	59.71
	补充设备 001	配电箱（照明改造）	台	1	3500	3500		
10	借 11-230	钢制槽式桥架（宽＋高）150mm 以下	m	15	84.94	1274.1	252	299.7
	29-009@1	电缆桥架	m	15.075	46.8	705.51		
11	BM8	操作物超高费 _ 超出 10m 以内（电气设备工程）〔北京 12 房修定额〕	元	1	387.4	387.41		387.41
		分部小计				95517.2	17695	29519.44

序号	编号	名称	工程量		价值（元）		其中（元）	
			单位	数量	单价	合价	人工费	材料费
	二	电缆桥架						
1	借12-69	LED体育场馆应急灯50W	套	4	1574	6295.04	106.16	99.64
	27-001@2	LED体育场馆应急灯50W	套	4.04	1200	4848		
	27-067@2	光源	个	4.12	300	1236		
2	借12-69	标志、诱导灯安装 吊链式	套	6	765.8	4594.56	159.24	149.46
	27-001@3	加强型应急疏散灯（含不锈钢罩）	套	6.06	400	2424		
	27-067@2	光源	个	6.18	300	1854		
3	借13-11	UPS不间断电源设备20kV·A以内	台	1	22727	22727.3	785.4	457.31
	补充设备002	UPS不间断电源设备20kV·A以内	台	1	21350	21350		
4	借11-74	镀锌钢管敷设 砖、混凝土结构明配 公称直径32mm以内	m	150	33.32	4998	1701	3178.5
5	借8-70	电缆穿导管敷设 1kV铜芯电缆 电缆截面6mm²以内	m	180	14.96	2692.8	241.2	68.4
	36-001@3	信号电缆	m	181.8	13	2363.4		
6	借8-253	户内热缩式电缆终端头制作安装 1kV以下 4×6mm²以内	个	8	155.1	1240.48	227.12	435.6
	35-002@1	接地编织铜线	m	8	20	160		
	29-001@1	电缆终端头	个	8.16	50	408		
		分部小计				42548.2	3320.1	4388.91
	三	北京农大附中文艺厅舞台灯改造工程						
1	借8-70	电缆穿导管敷设 1kV铜芯电缆 电缆截面6mm²以内	m	980	17.39	17042.2	1313.2	372.4
	36-001@4	ZR-YJV-3×4	m	989.8	15.41	15252.8		
2	借11-74	镀锌钢管敷设 砖、混凝土结构明配 公称直径32mm以内	m	122	33.32	4065.04	1383.5	2585.18
3	借4-37	配电箱墙上（柱上）明装 规格 回路4以内	台	1	3923	3922.5	62.33	57.67

序号	编号	名称	工程量		价值（元）		其中（元）	
			单位	数量	单价	合价	人工费	材料费
	AL1	配电箱墙上（柱上）明装 规格 回路 4 以内	台	1	3800	3800		
4	借12-69	舞台灯功能灯 2000W	套	16	5008	80124.2	424.64	398.56
	27-067@2	光源	个	16.48	300	4944		
	27-001@4	电脑多功能灯 2000W	套	16.16	4600	74336		
5	借5-244	电脑灯控制台≤1024 路	台	1	6078	6078.05	588	15.16
	补充设备	电脑灯控制台≤1024 路	台	1	5400	5400		
6	借8-70	电缆穿导管敷设 1kV 铜芯电缆 电缆截面 6mm² 以内	m	540	14.96	8078.4	723.6	205.2
	36-001@5	多功能灯信号电缆	m	545.4	13	7090.2		
7	借8-253	户内热缩式电缆终端头制作安装 1kV 以下 4×6mm² 以内	个	32	155.1	4961.92	908.48	1742.4
	35-002@1	接地编织铜线	m	32	20	640		
	29-001@1	电缆终端头	个	32.64	50	1632		
8	借11-231	钢制槽式桥架（宽＋高）400mm 以下	m	246	109.7	26973.9	6860.9	5011.02
	29-009@2	电缆桥架	m	247.23	59.3	14660.7		
9	借4-100	分配网络 楼栋放大器	个	1	2073	2072.63	33.6	10.23
	补充设备 004	分配网络 楼栋放大器	个	1	2000	2000		
10	借5-283	灯光系统设备调试 电脑灯具	个	16	32.57	521.12	470.4	
11	借5-276	灯光系统设备调试≤20 台	系统	1	1654	1654.23	1512	
12	借5-287	调光系统试运行	系统	1	2709	2708.6	2520	
13	借5-225	视频系统试运行	系统	1	2590	2589.75	2520	
14	借4-24	控制箱安装 墙上	台	1	7113	7113.13	67.87	41.84
	Truss 架升降系统控制装置	控制箱安装 墙上	台	1	7000	7000		
15	D002	吨升降机	台	18	7000	126000		72000
	BCSBF0	一吨升降机	元	18	3000	54000		
16	10-22 换	起重机电气安装调试 电动葫芦 起重量（10t 以内）	台	18	1656	29800.3	24033	3326.22
17	借11-231	铝合金 Truss 架	m	78	1136	88622.8	13827	10098.66
	29-009@3	铝合金 Truss 架	m	116.017	550	63809.5		

序号	编号	名称	工程量		价值（元）		其中（元）	
			单位	数量	单价	合价	人工费	材料费
18	借 4-26	配电箱落地安装 规格回路 8 以内	台	1	4391	4390.84	206.3	125.97
	AL4	配电箱落地安装 规格回路 8 以内	台	1	4000	4000		
19	借 8-70	电缆穿导管敷设 1kV 铜芯电缆 电缆截面 6mm² 以内	m	390	14.96	5834.4	522.6	148.2
	36-001@3	信号电缆	m	393.9	13	5120.7		
20	借 8-253	户内热缩式电缆终端头制作安装 1kV 以下 4×6mm² 以内	个	16	155.1	2480.96	454.24	871.2
	35-002@1	接地编织铜线	m	16	20	320		
	29-001@1	电缆终端头	个	16.32	50	816		
21	借 11-74	镀锌钢管敷设 砖、混凝土结构明配 公称直径 32mm 以内	m	120	33.32	3998.4	1360.8	2542.8
		分部小计				429033	59793	99552.71
		合　　计				567099	80708	133461.06

3.2　工程结算书编制

（1）结算办理的前提条件是合同履约完成，验收合格并得到政府部门或公司相关部门的确认，竣工资料完整并按规定进行移交。

（2）要办理工程结算的合同包括：各种建安施工合同以及甲购材料设备合同。

（3）结算的办理由承包商提出申请，填写《工程结算申请表》（附件五），报项目部审核，工程主管副总审批后到成本部办理工程结算。提交的结算资料包括：①《工程结算申请表》；②质量评定表；③《工程验收报告》；④设计变更、现场签证以及其他有关结算的原始资料；⑤甲方审核确认的补充预算；⑥施工单位结算书；⑦竣工图。结算资料均一式三份（原件一份，复印件二份）。

（4）成本部收到上述资料后，按部门月度工作计划编制结算书。结算编制流程如下：资料整理→编制结算书→双方核对→技术经济指标分析→校对→审批流程→办理结算协议书→存档。各项目分管经理办理审批手续。

（5）结算价由合同价、补充预算、价差调整、合同约定的其他费用四个部分组成。

1）补充预算的编制详见《设计变更、现场签证与补充预算编制办法》。

2）材料设备调整价款是对招标时数量暂定、价格暂定的项目依据实际情况进行调整。进行价差调整时，只计算数量、价格引起的差异以及合同约定的税费、利润、管理费等。

3）合同约定的其他费用是依据合同条款，对工期奖罚、质量奖罚、甲购物资款项、采保费、总包管理配合费、水电费、扣款通知、保修金等作出计算和说明。

（6）对于提供保修服务的承包项目，保修期满由施工单位提出申请，填写《保修金结算审批表》报相关部门审核后到成本部办理保修金结算，成本部依据保修合同、审批意见等编制保修金结算书；采取一次性扣留保修金的承包项目，不再办理保修金结算。

（7）代扣与代付款项：在工程实施过程中，甲购材料设备供应商、分包方、总包之间往往存在费用关系（待扣款项）。

1）对于甲方现场代表发布指令所导致的费用关系，由成本部组织，项目部配合完成，办理代扣与代付款项。各种代扣与代付款项金额，须有双方盖章确认的扣款单据（书面文件）。

2）非甲方原因产生的费用关系，由承包商自行解决。

【例 3 - 2】　×××楼修缮结算表（与前面预结算标底一致）。

单位工程费用表

工程名称：×××楼教室粉刷工程   第1页 共1页

序号	费 用 名 称	费率（%）	费用金额（元）
1	直接工程费		110040.79
1.1	人工费		70803.95
1.2	材料费		35824.63
1.2.1	其中：材料（设备）暂估价		
1.3	机械费		3412.21
2	措施费		34579.04
2.1	措施费1		28026.22
2.1.1	其中：人工费		2597.04
2.2	措施费2		6552.82
2.2.1	其中：人工费		812.6
3	直接费		144619.83
4	企业管理费	14.8	21403.73
5	利润	7	11621.65
6	规费		17618.3
6.1	其中：社会保险费	17.31	12846.37
6.2	住房公积金	6.43	4771.93
7	税金	3.48	6795.17
8	专业工程暂估价		
9	工程造价		202058.68

单 位 工 程 费 用 表

工程名称：文艺厅灯光改造工程　　　　　　　　　　　　　第 1 页　共 1 页

序号	费 用 名 称	费率（%）	费用金额（元）
1	分部分项工程费		482871.37
1.1	其中：人工费		90954.21
2	措施项目费		4920.07
2.1	其中：人工费		3690.05
2.2	其中：安全文明施工费		
3	其他项目费		
3.1	其中：总承包服务费		
3.2	其中：计日工		
3.2.1	其中：计日工人工费		
4	企业管理费	60.61	57363.89
5	利润	24	36481.96
6	规费		18474.56
6.1	社会保险费	14.23	13467.88
6.2	住房公积金费	5.29	5006.68
7	税金	3.48	20883.89
8	工程造价		620995.74
一	定额直接费		
	其中：1. 人工费		
	2. 市场价费用		
二	脚手架使用费		
	其中：人工费		
三	调整费用		
四	零星工程费		
五	直接费		
六	综合费用		

单 位 工 程 概 预 算 表

工程名称：文艺厅灯光改造工程　　　　　　　　　　　　　　　　第 1 页　共 4 页

序号	定额编号	子目名称	工程量		价值（元）		其中（元）	
			单位	数量	单价	合价	人工费	材料费
	一	北京农大附中文艺厅（照明）改造工程				95352.65	17937.87	29128.78
1	借 3-23	天棚块料面层补换	m²	613	54.49	33402.37	9887.69	22723.91
2	借 4-85	配电箱、盘拆除 半周长（1.5m 以内）	套	1	35.09	35.09	31.92	0.71
3	借 11-45	工厂灯拆除 高压钠灯	套	25	56.86	1421.5	1302	19.25
4	B001	旧灯具和线路拆除	m	25	5	125	125	
5	12-47	LED 体育场馆 150W	套	25	1644.63	41115.75	2278.5	832.5
	27-067	光源	个	50.5	300	15150		
	27-001@1	LED 体育场馆 150W	套	25.25	900	22725		
6	8-70	电缆穿导管敷设 1kV 铜芯电缆 电缆截面 6mm² 以内	m	260	17.39	4521.4	348.4	98.8
	36-001@2	ZR-YJV-3×4	m	262.6	15.41	4046.67		
7	8-253	户内热缩式电缆终端头制作安装 1kV 以下 4×6mm² 以内	个	12	155.06	1860.72	340.68	653.4
	35-002	接地编织铜线	m	12	20	240		
	29-001@1	电缆终端头	个	12.24	50	612		
8	11-26	焊接钢管敷设 砖、混凝土结构明配 公称直径 32mm 以内	m	260	29.27	7610.2	2948.4	4440.8
9	4-38	配电箱墙上（柱上）明装 规格回路 8 以内	台	1	3653.04	3653.04	89.8	59.71
	补充设备 001	配电箱（照明改造）	台	1	3500	3500		
10	11-230	钢制槽式桥架（宽＋高）150mm 以下	m	15	84.94	1274.1	252	299.7
	29-009@1	电缆桥架	m	15.075	46.8	705.51		
11	BM8	操作物超高费 _ 超出 10m 以内（电气设备工程）[北京 12 房修定额]	元	1	333.48	333.48	333.48	
		北京农大附中文艺厅（疏散和应急照明）工程				41379.97	3220.12	4388.91

序号	定额编号	子目名称	工程量		价值（元）		其中（元）	
			单位	数量	单价	合价	人工费	材料费
12	12-69	LED体育场馆应急灯 50W	套	4	1573.76	6295.04	106.16	99.64
	27-067	光源	个	4.12	300	1236		
	27-001@2	LED体育场馆应急灯 50W	套	4.04	1200	4848		
13	12-69	加强型应急疏散灯（含不锈钢罩）	套	6	765.76	4594.56	159.24	149.46
	27-067	光源	个	6.18	300	1854		
	27-001@3	加强型应急疏散灯（含不锈钢罩）	套	6.06	400	2424		
14	13-11	UPS不间断电源设备 20kV·A以内	台	1	22727.29	22727.29	785.4	457.31
	补充设备 002	电源系统设备安 UPS不间断电源设备（20kV·A以内）	台	1	21350	21350		
15	11-74	镀锌钢管敷设 砖、混凝土结构明配 公称直径32mm以内	m	150	33.32	4998	1701	3178.5
16	8-70	电缆穿导管敷设 1kV铜芯电缆 电缆截面6mm² 以内	m	180	8.47	1524.6	241.2	68.4
	36-001@1	电缆	m	181.8	6.578	1195.88		
17	8-253	户内热缩式电缆终端头制作安装 1kV以下 4×6mm²以内	个	8	155.06	1240.48	227.12	435.6
	35-002	接地编织铜线	m	8	20	160		
	29-001@1	电缆终端头	个	8.16	50	408		
		北京农大附中文艺厅舞台灯改造工程				152748.75	16800.67	10397.82
18	8-70	电缆穿导管敷设 1kV铜芯电缆 电缆截面6mm² 以内	m	980	17.39	17042.2	1313.2	372.4
	36-001@3	ZR-YJV-3×4	m	989.8	15.41	15252.82		
19	11-74	镀锌钢管敷设 砖、混凝土结构明配 公称直径32mm以内	m	122	33.32	4065.04	1383.48	2585.18
20	4-37	配电箱墙上（柱上）明装 规格回路4以内	台	1	3922.5	3922.5	62.33	57.67
	补充设备 003@1	AL1	台	1	3800	3800		

序号	定额编号	子目名称	工程量		价值（元）		其中（元）	
			单位	数量	单价	合价	人工费	材料费
21	12-69	舞台灯功能灯 2000W	套	16	5007.76	80124.16	424.64	398.56
	27-067	光源	个	16.48	300	4944		
	27-001@4	电脑多功能灯 2000W	套	16.16	4600	74336		
22	5-244	电脑灯控制台≤1024 路	台	1	6078.05	6078.05	588	15.16
	补充设备 003	电脑灯控制台≤1024 路	台	1	5400	5400		
23	8-70	电缆穿导管敷设 1kV 铜芯电缆 电缆截面 6mm² 以内	m	540	4.86	2624.4	723.6	205.2
	36-001@4	多功能灯信号电缆	m	545.4	3	1636.2		
24	8-253	户内热缩式电缆终端头制作安装 1kV 以下 4×6mm² 以内	个	32	155.06	4961.92	908.48	1742.4
	35-002	接地编织铜线	m	32	20	640		
	29-001@1	电缆终端头	个	32.64	50	1632		
25	11-231	钢制槽式桥架（宽＋高）400mm 以下	m	246	109.65	26973.9	6860.94	5011.02
	29-009@2	电缆桥架	m	247.23	59.3	14660.74		
26	4-100	分配网络 楼栋放大器	个	1	2072.63	2072.63	33.6	10.23
	补充设备 004@1	放大器	个	1	2000	2000		
27	5-283	灯光系统设备调试 电脑灯具	个	16	32.57	521.12	470.4	
28	5-276	灯光系统设备调试≤20 台	系统	1	1654.23	1654.23	1512	
29	5-287	调光系统试运行 试运行	系统	1	2708.6	2708.6	2520	
		原 LED 大屏降光调试				2589.75	2520	
30	5-225	视频系统试运行	系统	1	2589.75	2589.75	2520	
		Truss 架升降控制				190800.25	50475.55	5516.69
31	4-24	控制箱安装 墙上	台	1	7113.13	7113.13	67.87	41.84
	补充设备 004@2	Truss 架升降系统控制装置	台	1	7000	7000		
32	B002	一吨升降机	台	18	4000	72000	18000	
	BCSBF0	一吨升降机设备费	元	18	3000	54000		
33	借 10-22 换	起重机电气安装调试 电动葫芦 起重量（10t 以内）	台	18	1655.57	29800.26	27688.32	197.82
34	借 11-231	铝合金 Truss 架	m	78	868.12	67713.36	2175.42	1588.86
	29-009@3	铝合金 Truss 架	m	116.0172	550	63809.46		

续表

序号	定额编号	子目名称	工程量		价值（元）		其中（元）	
			单位	数量	单价	合价	人工费	材料费
35	4-26	配电箱落地安装 规格回路 8 以内	台	1	4390.84	4390.84	206.3	125.97
	补充设备 005	AL4	台	1	4000	4000		
36	8-70	电缆穿导管敷设 1kV 铜芯电缆 电缆截面 6mm² 以内	m	390	8.47	3303.3	522.6	148.2
	36-001@5	电缆	m	393.9	6.578	2591.07		
37	8-253	户内热缩式电缆终端头制作安装 1kV 以下 4×6mm² 以内	个	16	155.06	2480.96	454.24	871.2
	35-002	接地编织铜线	m	16	20	320		
	29-001@1	电缆终端头	个	16.32	50	816		
38	11-74	镀锌钢管敷设 砖、混凝土结构明配 公称直径 32mm 以内	m	120	33.32	3998.4	1360.8	2542.8
		合　　计				482871.37	90954.21	49432.2

单位工程人材机汇总表

工程名称：文艺厅灯光改造工程 　　　　　　　　　　　　第 1 页　共 5 页

序号	名称及规格	单位	数量	市场价（元）	合计（元）
一	人工类别				
1	综合工日	工日	271.224	84	22782.82
2	其他人工费	元	53.28	1	53.28
3	综合工日	工日	316.338	84	26572.39
4	综合工日	工日	83.6	84	7022.4
5	综合工日	工日	133.576	84	11220.38
6	一吨升降机人工费	元	18	1000	18000
7	旧灯具和线路拆除人工费	元	25	5	125
8	人工费调整	元	4023.525	1	4023.53
二	材料类别				
1	圆钢 φ10 以内	kg	2.34	3.63	8.49
2	角钢 63 以内	kg	28.275	3.67	103.77
3	镀锌扁钢	kg	4.95	5.22	25.84
4	镀锌钢管 32	m	403.76	16.4	6621.66
5	焊接钢管 32	m	267.8	12.5	3347.5
6	镀锌角钢 Q235-A50×5	kg	37.1	6.86	254.51
7	装饰石膏板 500×500×9.5	m²	735.6	29.7	21847.32
8	镀锌垫圈 10	个	1258.68	0.11	138.45
9	锁紧螺母 32	个	40.17	0.54	21.69
10	镀锌锁紧螺母 32	个	60.564	0.76	46.03
11	镀锌带母螺栓 10×（20～35）	套	623.22	0.44	274.22
12	镀锌带母螺栓 10×（40～60）	套	133.62	0.64	85.52
13	膨胀螺栓 φ10	套	4.08	2.47	10.08
14	镀锌膨胀螺栓 φ12	套	691.56	3.76	2600.27
15	垫铁	kg	0.3	3.8	1.14
16	镀锌木螺钉	个	1287.8528	0.04	51.51
17	镀锌铁丝 13 号～17 号	kg	2.1516	6.55	14.09
18	冲击钻头	个	0.04	9.22	0.37
19	电焊条（综合）	kg	6.965	7.78	54.19
20	焊锡膏 50g/瓶	kg	0.68	36	24.48

序号	名称及规格	单位	数量	市场价（元）	合计（元）
21	焊锡丝	kg	3.4	62	210.8
22	镀锌弹簧垫圈 10	个	629.34	0.03	18.88
23	镀锌膨胀螺栓 ϕ10	套	90.78	3.18	288.68
24	自攻螺钉 4×12	个	20229	0.03	606.87
25	膨胀螺栓 M12×105	套	4.08	1.59	6.49
26	螺栓带帽 M12×200	套	4.08	2.92	11.91
27	柴油	kg	31.0565	8.98	278.89
28	调合漆	kg	0.4524	12.4	5.61
29	防锈漆	kg	15.7337	16.3	256.46
30	酚醛磁漆	kg	0.0627	17.3	1.08
31	清油	kg	3.4556	19.2	66.35
32	丙酮	kg	23.8	9.46	225.15
33	铅油	kg	8.4108	8.5	71.49
34	沥青清漆	kg	1.378	11.4	15.71
35	电力复合脂 一级	kg	1.36	20	27.2
36	汽油	kg	19.526	9.44	184.33
37	汽油 60 号～70 号	kg	23.745	7.56	179.51
38	200 号溶剂汽油	kg	2.569	6.26	16.08
39	塑料异形管 ϕ5	m	5	0.26	1.3
40	塑料软管 ϕ7	m	13.78	0.15	2.07
41	塑料软管	kg	1.08	7.99	8.63
42	白布带 20M	盘	68	4.38	297.84
43	标志牌	个	186.86	0.5	93.43
44	轻型铆栓	个	1136.436	0.5	568.22
45	聚氯乙烯软管 d×0.6	m	0.51	0.4	0.2
46	冷压端子 ϕ6 孔	个	2	1.55	3.1
47	冷压端子 ϕ8 孔	个	22.55	1.85	41.72
48	塑料台	个	54.6	1.4	76.44
49	荧光灯吊链	m	52	3.5	182
50	镀锌管卡子 32	个	335.1208	0.68	227.88
51	钢管管卡子 32	个	222.274	0.56	124.47
52	塑料护口（钢管）32	个	100.734	0.27	27.2

序号	名称及规格	单位	数量	市场价（元）	合计（元）
53	铜绑线 2	kg	13.6	51.2	696.32
54	铜端子 4	个	26.39	2.91	76.79
55	铜端子 6	个	349.16	3.39	1183.65
56	铜端子 10	个	344.085	4.84	1665.37
57	铜端子 16	个	8.12	6.78	55.05
58	钢管接地卡子 32	个	189.7672	0.68	129.04
59	相色带	卷	6.8	5.28	35.9
60	焊接钢管接头 32	个	42.848	2.13	91.27
61	镀锌钢管接头 32	个	64.6016	2.44	157.63
62	终端头卡子	个	140.08	3	420.24
63	接地电缆 6mm²	m	1.53	3.91	5.98
64	室内接地用网状扁平铜线 10mm²	m	1.836	3.33	6.11
65	接线端子 双路	个	26.78	0.94	25.17
66	自粘性橡胶带	卷	43.55	3.57	155.47
67	绝缘导线 BV-4	m	117.075	2.69	314.93
68	绝缘导线 BV-6	m	2.04	3.95	8.06
69	绝缘导线 BV105-2.5	m	7.93	2.13	16.89
70	绝缘导线 BVR-4	m	24.7352	2.88	71.24
71	绝缘导线 BVR-0.75	m	26.468	0.75	19.85
72	铜芯塑料软线 BVR500V 1.5mm²	m	14.1625	1.49	21.1
73	接地编织铜线	m	78.975	15	1184.63
74	绑扎带	包	0.3	3.3	0.99
75	其他材料费	元	3225.94	1	3225.94
76	电	kW·h	0.6833	0.98	0.67
77	其他材料费	元	197.82	1	197.82
78	材料费调整	元	1230.015	1	1230.02
三	机械类别				
1	汽车起重机 5t	台班	0.535	313.7	167.83
2	载重汽车 4t	台班	0.3	179.7	53.91
3	载重汽车 5t	台班	0.235	193.5	45.47
4	载重汽车 8t	台班	0.663	237.5	157.46

序号	名称及规格	单位	数量	市场价（元）	合计（元）
5	电焊机（综合）	台班	2.0312	18.6	37.78
6	交流电焊机 32kV·A	台班	0.5	15	7.5
7	电锤 520W	台班	0.0417	3.96	0.17
8	套丝机 φ150	台班	4.238	14.4	61.03
9	电动煨弯机 100	台班	0.3912	86	33.64
10	其他机具费	元	1789.31	1	1789.31
11	其他机具费	元	1914.12	1	1914.12
12	绝缘电阻测试仪 3141	台班	4.05	6.27	25.39
13	数字万用表	台班	2	3.71	7.42
14	场强仪	台班	0.2	139.79	27.96
15	笔记本电脑	台班	15.1	18.17	274.37
16	数字兆欧表 BM-206 1000MΩ	台班	0.2	23.36	4.67
17	数字多用表 DF-1	台班	0.7	12.63	8.84
18	彩色监视器 7″	台班	1	4.71	4.71
19	中小型机械费	元	565.72	1	565.72
20	管理费	元	13.2336	1	13.23
21	检修费	元	0.0542	1	0.05
22	台班折旧费	元	213.1966	1	213.2
23	税金	元	16.0893	1	16.09
24	利润	元	8.7196	1	8.72
25	台班维修费	元	29.4295	1	29.43
26	动力费	元	8.795	1	8.8
27	计校费	元	14.735	1	14.74
四	主材类别				
1	LED 体育场馆 150W	套	25.25	900	22725
2	LED 体育场馆应急灯 50W	套	4.04	1200	4848
3	加强型应急疏散灯（含不锈钢罩）	套	6.06	400	2424
4	电脑多功能灯 2000W	套	16.16	4600	74336
5	光源	个	77.28	300	23184
6	电缆终端头	个	69.36	50	3468
7	电缆桥架 100×50mm	m	15.075	46.8	705.51

序号	名称及规格	单位	数量	市场价（元）	合计（元）
8	电缆桥架	m	247.23	59.3	14660.74
9	铝合金 Truss 架	m	116.0172	550	63809.46
10	接地编织铜线	m	68	20	1360
11	电缆	m	181.8	6.578	1195.88
12	ZR-YJV-3×4	m	262.6	15.41	4046.67
13	ZR-YJV-3×4	m	989.8	15.41	15252.82
14	多功能灯信号电缆	m	545.4	3	1636.2
15	电缆	m	393.9	6.578	2591.07
五	设备类别				
1	一吨升降机设备费	元	18	3000	54000
2	配电箱（照明改造）	台	1	3500	3500
3	电源系统设备安 UPS 不间断电源设备（20kV·A 以内）	台	1	21350	21350
4	电脑灯控制台≤1024 路	台	1	5400	5400
5	AL1	台	1	3800	3800
6	放大器	个	1	2000	2000
7	Truss 架升降系统控制装置	台	1	7000	7000
8	AL4	台	1	4000	4000
合计					482933.36

措施项目计算汇总表

工程名称：文艺厅灯光改造工程　　　　　　　　　　　　　　　第 1 页　共 2 页

编码	名　称	计算基数	人工费（元）	费用金额（元）	未计价材料费（元）
一	措施费1		3280.04	3280.04	
1	安全文明施工费	RGF＋JSCS_RGF			
2	夜间施工增加费				
3	非夜间施工增加费				
4	二次搬运费				
5	冬雨季施工增加费				
6	已完工程及设备保护费				
7	高层施工增加费				
	操作高度增加费_8m以内（第四册电气设备安装工程）		2515.64	2515.64	
	操作高度增加费_8m以内（建筑智能化工程）		764.4	764.4	
	操作高度增加费_设备底座正负标高15m以内（机械设备安装工程）				
二	措施费2		410.01	1640.03	
1	吊装加固				
2	金属抱杆安装、拆除、移位				
3	平台铺设、拆除				
4	顶升、提升装置				
5	大型设备专用机具				
6	焊接工艺评定				
7	胎（模）具制作、安装、拆除				
8	防护棚制作安装拆除				
9	特殊地区施工增加				
10	安装与生产同时进行增加费				
11	在有害身体健康环境中施工增加费				
12	工程系统检测、检验				

编码	名 称	计算基数	人工费 （元）	费用金额 （元）	未计价材料费 （元）
13	设备、管道施工的安全、防冻和焊接保护				
14	焦炉烘炉、热态工程				
15	管道安拆后的充气保护				
16	隧道内施工的通风、供水、供气、供电、照明及通信设施				
17	脚手架搭拆		410.01	1640.03	
18	其他措施				
	合 计		3690.05	4920.07	

单 位 工 程 费 用 表

工程名称：×××宿舍楼护栏维修工程　　　　　　　　第1页　共1页

序号	费 用 名 称	费率（%）	费用金额（元）
1	直接工程费		69119.83
1.1	人工费		40253.99
1.2	材料费		25071.06
1.2.1	其中：材料（设备）暂估价		
1.3	机械费		3794.78
2	措施费		16013.98
2.1	措施费1		12074.1
2.1.1	其中：人工费		3324.2
2.2	措施费2		3939.88
2.2.1	其中：人工费		2008
3	直接费		85133.81
4	企业管理费	14.8	12599.8
5	利润	7	6841.35
6	规费		10822.16
6.1	其中：社会保险费	17.31	7890.97
6.2	住房公积金	6.43	2931.19
7	税金	3.48	4015.82
8	专业工程暂估价		
9	工程造价		119412.94

单 位 工 程 概 预 算 表

工程名称：×××宿舍楼护栏维修工程   第 1 页 共 1 页

序号	编号	名称	工程量		价值（元）		其中（元）	
			单位	数量	单价	合价	人工费	材料费
1	13-4	剔阳台檐口方管槽50×50	m	220	19.09	4199.8	3841.2	61.6
2	2-13	阳台檐口水泥砂浆补抹 现拌砂浆	m²	45	37.2	1674	1309.5	297.45
3	补子目	拆除切割原护栏	m	220	9	1980	1540	
4	补子目	局部拆除切割栏杆	10m²	1	1000	1000	500	
5	7-34	钢栏杆制作安装 以钢管为主制作 h=250mm	t	2.663	7952.59	21177.75	7974.06	12879.09
6	7-35	钢栏杆制作安装 以钢管为主安装	t	2.663	1516.97	4039.69	3715.82	284.59
7	7-34	钢栏杆制作安装 以钢管为主制作 H=1800mm	t	1.534	7952.59	12199.27	4593.39	7418.9
8	7-35	钢栏杆制作安装 以钢管为主安装	t	1.534	1516.97	2327.03	2140.47	163.94
9	补子目	异型方钢煨弯	个	240	9	2160	1200	
10	借1-2	除锈 金属面 中锈 原护栏	m²	304	12.48	3793.92	3125.12	550.24
11	5-442	金属栅栏、栏杆刷调合漆新做 带防锈漆	m²	404	33.42	13501.68	9873.76	3337.04
12	11-10	金属制品构件运输20km以内	t	4.598	231.99	1066.69	440.67	78.21
		分部小计			69119.83	40253.99	25071.06	
		合　计			69119.83	40253.99	25071.06	

措施项目计算汇总表

工程名称：×××宿舍楼护栏维修工程   第 1 页　共 1 页

编码	名　　称	计算基数	人工费 （元）	费用金额 （元）	未计价材料费 （元）
一	措施费1		3324.2	4574.1	7500
1	模板				
2	脚手架		3324.2	4574.1	7500
二	措施费2		2008	3939.88	
3-1	安全文明施工费	71116.83	352.03	704.06	
3-2	夜间施工费	71116.83	136.54	341.36	
3-3	二次搬运费	71116.83	902.48	1002.75	
3-4	冬雨季施工费	71116.83	288.03	576.05	
3-5	临时设施费	71116.83	328.92	1315.66	
3-6	施工困难增加费	71116.83			
3-7	原有建筑物、设备、陈设、高级装修及文物保护费	71116.83			
3-8	高台建筑增加费（高在 2m 以上）	71116.83			
3-9	高台建筑增加费（高在 5m 以上）	71116.83			
3-10	超高增加费（高在 25～45m）	71116.83			
3-11	超高增加费（高在 45m 以上）	71116.83			
3-12	施工排水、降水费	71116.83			
	合　　计		5332.2	8513.98	7500

单位工程人材机汇总表

工程名称：×××宿舍楼护栏维修工程

序号	材 料 名	单位	材料量	市场价（元）	市场价合计（元）
1	综合工日	工日	32.224	97	3125.73
2	综合工日	工日	344.0561	97	33373.44
3	综合工日	工日	39.6	97	3841.2
4	局部拆除切割栏杆人工费	元	1	500	500
5	拆除切割原护栏人工费	元	220	7	1540
6	异型方钢煨弯人工费	元	240	5	1200
7	型钢	kg	0.3853	3.42	1.32
8	镀锌低碳钢丝 $\phi 0.7$	kg	25.5598	9.03	230.8
9	钢管（综合）	kg	2476.23	4	9904.92
10	热轧薄钢板 1.0~1.5	kg	1972.59	4.38	8639.94
11	水泥（综合）	kg	457.245	0.39	178.33
12	板方材	m^3	0.04	1900	76
13	板方材（摊销量）	m^3	0.084	1900	159.6
14	砂子	kg	1745.667	0.067	116.96
15	电焊条（综合）	kg	111.2205	7.78	865.3
16	油漆溶剂油	kg	1.7778	18	32
17	醇酸稀释剂	kg	8.888	10.7	95.1
18	醇酸调合漆	kg	98.576	16.2	1596.93
19	防锈漆	kg	108.529	16.3	1769.02
20	石膏粉	kg	7.676	0.6	4.61
21	催干剂	kg	3.1249	29	90.62
22	乙炔气	m^3	5.624	28	157.47
23	氧气	m^3	12.9267	3.6	46.54

续表

序号	材 料 名	单位	材料量	市场价（元）	市场价合计（元）
24	汽油	kg	18.584	7.8	144.96
25	防裂腻子	kg	3.636	2.7	9.82
26	棉丝	kg	30.4	12	364.8
27	钢丝刷	把	7.6	6.44	48.94
28	砂布	张	68.68	1.31	89.97
29	光油	kg	2.424	31	75.14
30	布头	kg	1.212	5.07	6.14
31	其他材料费	元	369.659	1	369.66
32	载重汽车5t	台班	3.2451	500	1622.55
33	其他机具费	元	647.7641	1	647.76
34	中小型机械费	元	870.9457	1	870.95
35	局部拆除切割栏杆机械费	元	1	500	500
36	拆除切割原护栏机械费	元	220	2	440
37	异形方钢煨弯机械费	元	240	4	960
38	电动吊栏	个	5	1500	7500
	合　计				81196.52

3.3 工程结算书范表及实例

预（结）算审批表

公司名称：　　　　　　　　　　　　　　项目名称：

合约名称		合约编号
甲方		
乙方		
丙方		
预算价格	总价：　　　　　　　单方造价：	
结算价格	总价：　　　　　　　单方造价：	
使用目的	□成本目标管理　□标底　□付款　□合同价	
审批流程		
经办人		
成本副经理		
成本部经理		
事业部副总经理		
事业部总经理		

归档日期

协议书编号：

工 程 结 算 协 议 书

甲方：_____有限公司

乙方：_____有限公司

经甲乙双方友好协商，共同努力，于_____年____月____日完成该项工程的结算工作，双方同意就本工程结算事宜达成协议如下：

工程名称：

共同编号：   合同价：

结算总价：

结算总价构成：

子编号   结算书名称   结算价

协议书原件与子结算书封面一起作为工程结算款支付的依据；

本协议一式四份，双方各执两份，经双方签字盖章后生效。

甲方：   乙方：

日期：   日期：

工程预（结）算书

工程名称：   编　　号：

施工单位：   建筑面积：

报审造价：   审定造价：

合同造价：   审定单位造价：

经手：　　　复核：　　　审核：　　　审定：　　　审批：

工 程 结 算 与 决 算

主 要 材 料 设 备 清 单

工程名称：

序号	材料设备名称	规格型号	单位	数量	暂定单价（元）	暂定总价（元）	使用部位	备注

第_____期进度款计算表

项目名称:			
合同名称:		合同编号:	
甲方:		日期:	年 月 日
乙方:		楼号:	

序号	项 目 名 称	计算式	金额（万元）
1	合同金额		
2	本期完成预算金额		
3	已完工程预算金额		
4	付款比例		
5	付款上限		
6	已完工程应付款额		
7	甲供材料		
8	甲分包		
9	甲方代缴水电费等		
10	预算预付款		
11	扣除：前期已批出应付款额		
12	根据合同条款，本期应付款额为		

工 程 结 算 与 决 算

_____年_____期进度款汇总表

合同名称：　　　合同编号：　　　施工单位：　　　楼号：　　　申报日期：

页号	工作项目名称	合同工作项目资料				本期完成工程量	本期完成金额	至本期累计完成工程量	累计完成金额
		工程量	单位	单价	合计				
	合　计								

注：本表分章节汇总。

<u>　　　　</u>年<u>　　　　</u>期进度款申报表

合同名称：　　　合同编号：　　　施工单位：　　　楼号：　　　申报日期：

编号	工作项目名称	合同工作项目资料				本期完成工程量	本期完成金额	至本期累计完成工程量	累计完成金额
		工程量	单位	单价	合计				
	小计转入汇总页								

注：1. 施工单位每次申报时需描述形象进度。

　　2. 施工单位需严格按照合同工作项目申报；编号统一使用投标报价书（预算）编号。

　　3. 本表分章节填报。

工 程 结 算 审 批 表

致：×××有限公司

　　我司_____年___月___日与贵公司签订的_____合同，于_____年___月____日履约完成。结算资料按要求整理完毕，详见附件，请查收。该项目合同价为_____元，结算价为_____元，现申请办理工程结算，请批复。

申请单位（签章）：

项目部意见：

副总批示：

保 修 金 结 算 审 批 表

致：×××有限公司

　　由我公司承建的＿＿＿＿＿＿＿＿＿＿工程，于＿＿＿＿＿年＿＿月＿＿日竣工验收，至＿＿＿＿＿年＿＿月＿＿日保修期已满。保修期内发现的所有问题均已妥善处理完毕，现申请退还该工程保固金￥＿＿＿＿元（大写人民币＿＿＿＿＿＿＿＿＿＿＿）。请批复。

申请单位（签章）：

使用单位（物业管理公司）意见：

项目部意见：

副总批示：

注：凭本审批表及结算协议书原件到成本部办理有关手续。

【例 3 - 3】　某建设工程的电气工程结算书。

电 气 工 程 结 算 书

工程名称：　　　　　　　　　　　　　　　　工程编号：

工程性质：新建　　　　　　　　　　　　　　建筑面积：　　　平方米

结构类型：安装工程　　　　　　　　　　　　工程造价：　　2392142 元

建筑层数：　　　　　　　　　　　　　　　　单位造价：

建设单位：×××矿建部　　　　　　　　　　审核人：

　　　　　　　　　　　　　　　　　　　　　负责人：

施工单位：×××工程建设有限公司　　　　　编制人：

　　　　　　　　　　　　　　　　　　　　　负责人：

编制单位：　　　　　　　　　　　　　　　　编制人：

　　　　　　　　　　　　　　　　　　　　　审核人：

审核单位：　　　　　　　　　　　　　　　　审核人：

　　　　　　　　　　　　　　　　　　　　　负责人：

　　　　　　　　　　　　　　　　　　　　　编制日期：

编 制 说 明

工程名称：

编制依据	使用定额	×××省建筑安装定额
	材料价格	×××省造价信息
	其他	

电 气 工 程 费 用 表

工程名称：

取费依据：一类工程市区内

序号	项 目 名 称	合计	电气工程		土方工程	
			费率（%）	金额（元）	费率（%）	金额（元）
1	一、直接费	2039629		2018290		21339
2	0 预算表直接费	2018725		2001089		17636
3	1 直接工程费	147344		129708		17636
4	1.1 其中：人工费	86441		68805		17636
5	2 措施费	20904		17201		3703
6	2.1 环境保护及文明施工费	3440	3.98	2738	3.98	702
7	2.2 安全施工费	5083	5.88	4046	5.88	1037
8	2.3 临时设施费	5947	6.88	4734	6.88	1213
9	2.4 夜间施工增加费					
10	2.5 材料二次搬运费			0		0
11	2.6 工程及设备保护费（含越冬维护费）					
12	2.7 检验试验及生产工具使用费	3682	4.26	2931	4.26	751
13	2.8 定额措施费	2752		2752		
14	3 未计价材料费	1871381		1871381		
15	4 估价项目					
16	二、间接费	87176		77660		9516
17	1 规费	33944		30109		3835
18	1.1 工程排污费					0
19	1.2 社会保障费	28155		25073		3082
20	（1）养老保险费	20579	26.68	18357	12.60	2222
21	（2）失业保险费	1894	2.44	1679	1.22	215
22	（3）医疗保险费	5682	7.32	5037	3.66	645

续表

序号	项目名称	合计	电气工程		土方工程	
			费率（%）	金额（元）	费率（%）	金额（元）
23	1.3 住房公积金	4735	6.1	4197	3.05	538
24	1.4 危险作业意外伤害保险					
25	1.5 工伤保险费	1054	1.22	839	1.22	215
26	1.6 工程质量、室内环境质量检测费					
27	2 企业管理费	53232	69.1	47551	32.21	5681
28	三、利润	43221	50	34403	50	8818
29	四、价差	143234		143234		
30	1 人工价差	129664		129664		
31	2 材料价差	13570		13570		
32	3 机械价差					
33	五、定额测定费			0		0
34	六、税金	78882	3.41	77529	3.41	1353
35	七、工程造价	2392142		2351116		41026

电 气 工 程 费 用 表

工程名称：

取费依据：一类工程市区内

序号	费用名称	计算公式	费用（%）	金额（元）
	电气工程			
一	直接费	1+2+3+4		2018290
0	预算表直接费	预算表直接费		2001089
1	直接工程费	直接工程费		129708
1.1	其中：人工费	人工费		68805
2	措施费	2.1+2.2+…+2.8		17201
2.1	环境保护及文明施工费	人工费×费率	3.98	2738
2.2	安全施工费	人工费×费率	5.88	4046
2.3	临时设施费	人工费×费率	6.88	4734
2.4	夜间施工增加费	10元/夜班		
2.5	材料二次搬运费	人工费×费率	0	
2.6	工程及设备保护费（含越冬维护费）	根据实际编制费用		
2.7	检验试验及生产工具使用费	人工费×费率	4.26	2931
2.8	定额措施费	定额措施项目		2752

序号	费 用 名 称	计 算 公 式	费用（％）	金额（元）
3	未计价材料费	未计价材料费		1871381
4	估价项目	估价项目		
二	间接费	1＋2		77660
1	规费	1.1＋1.2＋1.3＋1.4＋1.5		30109
1.1	工程排污费	人工费×费率		
1.2	社会保障费	（1）＋（2）＋（3）		57073
（1）	养老保险费	人工费×费率	26.68	18357
（2）	失业保险费	人工费×费率	2.44	1679
（3）	医疗保险费	人工费×费率	7.32	5037
1.3	住房公积金	人工费×费率	6.1	4197
1.4	危险作业意外伤害保险	企业自行确定		
1.5	工伤保险费	人工费×费率	1.22	839
1.6	工程质量、室内环境质量检测费	根据地方规定执		
2	企业管理费	人工费×费率	69.11	47551
三	利润	人工费×费率	50	34403
四	价差	1＋2＋3		143234
1	人工价差	人工价差		129664
2	材料价差	材料价差		13570
3	机械价差	机械价差		
五	定额测定费	（一＋二＋三＋四）×费率	0	
六	税金	（一＋二＋三＋四＋五）×费率	3.41	77529
七	工程造价	一＋二＋三＋四＋五＋六		235116

电 气 工 程 费 用 表

工程名称：

取费依据：一类工程市区内

序号	费 用 名 称	计 算 公 式	费用（％）	金额（元）
	土方工程			
一	直接费	1＋2＋3＋4		21339
0	预算表直接费	预算表直接费		17636
1	直接工程费	直接工程费		17636
1.1	其中：人工费	人工费		17636

序号	费 用 名 称	计 算 公 式	费用（%）	金额（元）
2	措施费	2.1＋2.2＋…＋2.8		3703
2.1	环境保护及文明施工费	人工费×费率	3.98	702
2.2	安全施工费	人工费×费率	5.88	1037
2.3	临时设施费	人工费×费率	6.88	1213
2.4	夜间施工增加费	10元/夜班		
2.5	材料二次搬运费	人工费×费率	0	
2.6	工程及设备保护费（含越冬维护费）	根据实际编制费用		
2.7	检验试验及生产工具使用费	人工费×费率	4.26	751
2.8	定额措施费	定额措施项目		
3	未计价材料费	未计价材料费		
4	估价项目	估价项目		
二	间接费	1＋2		9516
1	规费	1.1＋1.2＋1.3＋1.4＋1.5		3835
1.1	工程排污费	人工费×费率	0	
1.2	社会保障费	（1）＋（2）＋（3）		3082
（1）	养老保险费	人工费×费率	12.60	2222
（2）	失业保险费	人工费×费率	1.22	215
（3）	医疗保险费	人工费×费率	3.66	645
1.3	住房公积金	人工费×费率	3.05	538
1.4	危险作业意外伤害保险	企业自行确定		
1.5	工伤保险费	人工费×费率	1.22	215
1.6	工程质量、室内环境质量检测费	根据地方规定执		
2	企业管理费	人工费×费率	32.21	5681
三	利润	人工费×费率	50	8818
四	价差	1＋2＋3		
1	人工价差	人工价差		
2	材料价差	材料价差		
3	机械价差	机械价差		
五	定额测定费	（一＋二＋三＋四）×费率	0	
六	税金	（一＋二＋三＋四＋五）×费率	3.41	1353
七	工程造价	一＋二＋三＋四＋五＋六		41026
	工程造价合计	工程造价合计		2392142

电 气 工 程 结 算 表

工程名：　　　　　　　　　　　　　　　　　　　　　　　　　　第 1 页　共 6 页

序号	定额编号	项 目 名 称	单位	工程量	单价（元）	合价（元）	人工费	机械费
		定额项目						
1	C2-0126	组合型成套箱式变电站安装 带高压开关柜（变压器容量1600kV·A以下）	台	1	2569.72	2570	1035	398
		主材：箱式变电站 S11-M-1250/10（×2）	台	1	1100000	1100000		
2	C2-0851	铜芯电缆穿导管敷设 10kV铜芯电缆 电缆截面（70mm²以内）	m	240	3.02	634	365	109
		主材：YJV22-10kV 3×70	m	215.25	199.2	42878		
3	C2-0764	铜芯电缆沿支架、墙面卡敷设 10kV铜芯电缆 电缆截面（70mm²以内）	m	30	10.48	314	64	16
		主材：YJV22-10kV 3×70	m	30.5	199.2	6125		
		主材：电缆支撑抱箍 φ220~320	套	9	38	342		
4	C2-0728	铜芯电缆埋地敷设 1kV铜芯电缆 电缆截面	m	660	6.29	4151	2290	1366
		主材：YJV22-1.0kV 3×240+1×120	m	676.5	620.12	419511		
5	C2-0724	铜芯电缆埋地敷设 1kV铜芯电缆 电缆截面（95mm²以内）	m	550	2.68	1474	820	286
		主材：YJV22-1.0kV 3×95+1×50	m	554	152.51	86016		
6	C2-0723	铜芯电缆埋地敷设 1kV铜芯电缆 电缆截面（70mm²以内）	m	556	2.51	1396	745	289
		主材：YJV22-1.0kV 3×70+1×35	m	569	117.32	66755		
7	C2-0721	铜芯电缆埋地敷设 1kV铜芯电缆 电缆截面（35mm²以内）	m	500	1.67	835	490	35
		主材：YJV22-1.0kV 3×35+1×16	m	512.5	58.96	30217		
8	C2-0718	铜芯电缆埋地敷设 1kV铜芯电缆 电缆截面（10mm²以内）	m	120	1.29	155	76	8
		主材：YJV22-1.0kV 5×10	m	23	52.98	6517		

工 程 结 算 与 决 算

序号	定额编号	项 目 名 称	单位	工程量	单价（元）	合价（元）	其中	
							人工费	机械费
9	C2-0725	铜芯电缆埋地敷设 1kV 铜芯电缆 电缆截面	m	20	3.16	695	433	114
		主材：YJV22-1.0kV 3×120＋1×70	m	225.5	281.39	64130		
10	C2-0905	控制电缆埋地敷设控制电缆（10 芯以内）	m	224	1.17	281	130	17
		主材：kV22-1.0kV 5×2.5	m	246	35.65	8770		
11	C2-0878	电力电缆敷设 户内热缩式电力电缆终端头制作、安装 10kV 以下终端头（截面 120mm² 以下）	个	246	196.21	706	196	
		主材：户内热缩式电缆终端点 10kV 120m²	套	3.72	396	1454		
12	C2-0882	电力电缆敷设 户外电力电缆终端头制作、安装 10kV 以下终端头（截面 120mm² 以下）	个	306	247.46	891	439	
		主材：户内热缩式电缆终端点 10kV 120m²	套	3.672		1579		
13	C2-0873	电力电缆敷设 户内热缩式电力电缆终端头制作、安装 1kV 以下终端头（截面 120mm² 以下）	个	1608	79.86	1342	484	
		主材：户内热缩式电缆终端点 1kV 35m²	套	17.136	75	1285		
14	C2-0874	电力电缆敷设 户内热缩式电力电缆终端头制作、安装 1kV 以下终端头（截面 120mm² 以下）	个	21.6	124.85	2697	1037	
		主材：户内热缩式电缆终端点 1kV 70～120m²	套	22.032	82	1807		
15	C2-0875	电力电缆敷设 户内热缩式电力电缆终端头制作、安装 1kV 以下终端头（截面 240mm² 以下）	个	14.4	172.93	2490	922	
		主材：户内热缩式电缆终端点 1kV 240m²	套	14.688	126	1851		

续表

序号	定额编号	项 目 名 称	单位	工程量	单价（元）	合价（元）	其中	
							人工费	机械费
16	C2-0902	电力电缆敷设 热缩式电力电缆中间头制作、安装 10kV 以下热缩式中间头（截面 120mm² 以下）	个	0.96	838.08	325	79	
		主材：热缩式电缆中间头 10kV 3×70	套	0.9792	792	776		
17	C2-0899	电力电缆敷设 热缩式电力电缆中间头制作、安装 1kV 以下热缩式中间头（截面 240mm² 以下）	个	2.64	258.82	683	233	
		主材：热缩式电缆中间头 1kV 240m²	套	2.6928	252	679		
18	C2-0898	电力电缆敷设 热缩式电力电缆中间头制作、安装 1kV 以下热缩式中间头（截面 120mm² 以下）	个	1.024	198.27	877	303	
		主材：热缩式电缆中间头 1kV 120m²	套	4.5125	164	740		
19	C2-0897	电力电缆敷设 热缩式电力电缆中间头制作、安装 1kV 以下热缩式中间头（截面 35mm² 以下）	个	2	119.76	240	86	
		主材：热缩式电缆中间头 1kV 35m²	套	2.04		306		
20	C2-1101	其他 电缆沟挖填、人工开挖路面电缆沟挖填 含建筑垃圾土	m³	612.7	28.8	17636	17636	
21	C2-1108	其他 电缆沟铺砂、盖砖及移动盖板铺砂盖砖 1-2	m	20.0	8.93	17949	4020	
22	C2-1105	其他 电缆沟挖填、人工开挖路面开挖路面厚度 250mm 以下 混凝土路面	m²	121.01	27.29	15480	7861	7619
23	C2-1106	其他 电缆沟挖填、人工开挖路面开挖路面厚度 250mm 以下 沥青路面	m²	17.01	19.2	328	328	
24	C2-1107	其他 电缆沟挖填、人工开挖路面开挖路面厚度 250mm 以下 砂石路面	m²	11.04	9.6	107	107	
25	C2-1038	电缆保护管敷设电缆保护管敷设（管径 150mm 以上）	m	2	29.39	353	216	40
		主材：镀锌钢管 SC100	m	2.06		1568		

工 程 结 算 与 决 算

序号	定额编号	项 目 名 称	单位	工程量	单价（元）	合价（元）	其中	
							人工费	机械费
26	C2-1039	电缆保护管敷设 电缆保护管敷设（管径150mm以上）硬质塑料管	m	100	9.29	1672	1249	
		主材：碳素纤维保护管 ICC-80/105-S	m	400		10800		
27	C2-0321	杆上配电设备安装跌落式熔断器	组	2	73.18	146	79	
		主材：跌落式熔断器 HRW11-200/100A 10kV	只	6		2100		
28	C2-0322	杆上配电设备安装避雷器	组	2	90.58	181	86	
		主材：避雷器 HY5WS-17/50-T	只	6		2280		
29	C2-1999	一般铁构件 安装	kg	300	3.18	954	672	225
		主材：跌落开关支架	套	2.02		1035		
		主材：避雷器支架	套	2.02		1035		
30	C2-1129	接地装置 接地极（板）制作、安装 角钢接地极 坚	根	9	39.5	356	153	180
		主材：接地极∠50×5×2500	根	9		915		
31	C2-1136	接地装置 接地母线敷设户外接地母线敷设 截面（600mm² 以内）	m	8	14.95	867	791	58
		主材：镀锌扁钢－40×4	m	60.9		565		
32	C2-1183	避雷引下线敷设 利用金属构件引下	m	14	1.81	25	8	12
		主材：避雷引下线 35m	m	10.7		376		
33	C2-1139	接地装置 接地跨接线、构架接地接地跨接线	处	2	10.25	226	78	49
		主材：接地线铜压接端子 25mm²	个	4		592		
34	C2-1238	其他 横担安装 10kV 以下横担安装铁、木横担 单	组	7	12.72	89	74	
		主材：∠75×5×1700	根	2.02		237		
		主材：∠63×5×1500	根	2.03		205		
		主材：M 垫铁 Φ220	个	4		72		
		主材：镀锌螺栓 M16×380	根	4	32			
		主材：立瓶 P-10T	个	15.03		383		
		主材：立瓶 P-10M	个	6.02		190		

续表

序号	定额编号	项 目 名 称	单位	工程量	单价 (元)	合价 (元)	其中	
							人工费	机械费
35		塑料管敷设 金属软管敷设公称管径（25mm 以内） 每根管长（25mm 以内）	m	8	24.45	196	123	
		主材：金属软管 DN25	m	8.04		321		
36		电气配线 管内穿线动力线路（铜芯） 导线截面（2.5mm² 以内）	m	200	0.31	62	44	
		主材：铜芯绝缘导线 BV2.25mm²	m	200		630		
37		压铜接线端子安装（16mm² 以内）	个	8	3.63	138	54	
		主材：铜接线端子 2.5mm²	个	0		178		
		主材：铜接线端子 10mm²	个	10		152		
		主材：铜接线端子 16mm²	个	8		149		
38	C2-2017	压铜接线端子安装（35mm² 以内）	个	8	5.32	149	59	
		主材：铜接线端子 35mm²	个	8		717		
39	C2-2018	压铜接线端子安装（70mm² 以内）	个	6	10.94	503	194	
		主材：铜接线端子 50mm²	个	10		301		
		主材：铜接线端子 70mm²	个	6		1217		
40	C2-2019	压铜接线端子安装（120mm² 以内）	个	8	22.67	1088	406	
		主材：铜接线端子 95mm²	个	10		1104		
		主材：铜接线端子 120mm²	个	18		725		
41	C2-2021	压铜接线端子安装（240mm² 以内）	个	6	38.64	1391	405	
		主材：铜接线端子 240mm²	个	6		1764		
42	C2-1118	其他 电缆防火涂料、堵洞、隔板及阻燃槽盒安装防火堵洞 保护管	处	7	4.53	122	95	
43	C2-1269	电力变压器系统调试 10kV 以下变压器（容量 2000kV·A 以下）	系统	2	164.66	8929	5504	3315
44	C2-1275	送配电装置系统调试 10kV 以下交流供电 负荷隔离	系统	2	112.12	2224	1600	592
45	C2-1274	送配电装置系统调试 1kV 以下交流供电（综合）	系统	2	451.1	9924	7040	2743
46	C2-1306	母线、避雷器、电容器、接地装置调试母线系统	段	2	189.67	2379	1408	943

工　程　结　算　与　决　算

续表

序号	定额编号	项　目　名　称	单位	工程量	单价(元)	合价(元)	其中	
							人工费	机械费
47	C2-1307	母线、避雷器、电容器、接地装置 调试避雷器	组	2	615.79	1232	768	448
48	C2-1309	母线、避雷器、电容器、接地装置 调试电容器	组	1	601.29	601	384	210
49	C2-1310	母线、避雷器、电容器、接地装置 调试独立接地装置 6 根接地极以内	组	2	241.44	483	256	222
50	C2-1325	电缆试验电缆试验 故障点测试(点)	点	3	147.28	4642	2640	1949
51	C2-1326	电缆试验电缆试验 泄漏试验	根次	24	61.74	1482	1014	448
52	C2-1303	中央信号装置、事故照明切换装置、不间断电源调试不间断电源(容量)	套	2	10762.38	21525	12672	8599
53	C2-1288	特殊保护装置调试 自动投入装置调试备用电源自	套	1	958.69	959	448	502
54	C2-1264	其他 工地运输人力运输平均运距 200m 以内	t·km	23.6	828.06	7742	7742	
55	03006 换	履带式起重机 15t [单价×1.6]	台班	1	910.96	911		911
56	03010	履带式起重机 40t	台班	0.5	201.12	601		601
57	04008 换	载货汽车 10t [单价×1.36]	台班	0.5	745.28	373		373
58	04007 换	载货汽车 8t [单价×1.3]	台班	1	562.61	563		563
		小　　计				147344	86441	33240
		电气脚手架搭拆费				2752	688	
		定额合计				150096	87129	33240
		主材合计				1871381		
		合　　计				2021477		

电气工程材料价差表

工程名 第 1 页 共 6 页

序号	材料代码	材料名称、规格	数量	单位	定额价（元）	市场价（元）	价差（元）
1	00000010	综合工日	2701.3428	工日	32	80	129664
2	00010170	校验材料费	632.46	元	1	1	
3	001459	其他材料费	201.229	元	1	1	
4	10010180	砂子	195.432	m²	52	52	
5	19010010	白布	1	m²	2.8	2.8	
6	19010120	棉纱头	1.35	kg	5.83	5.83	
7	29010010	变压器油 25 号	1.5	kg	8.2	8.2	
8	29010060	电力复合脂 一级	5.3804	kg	20	20	
9	29010240	汽油 60～70 号	27.111	kg	0.01	10	135
10	29010250	汽油 70 号	69.3908	kg	0.01	10	341
11	29010290	溶剂汽油 200 号	0.3	kg	0.75	10	1
12	31010130	焊锡膏 瓶装 50g	4.5133	kg	32	32	
13	31010530	氧气	1.824	m³	3	5	4
14	34010120	丙酮	42.96	kg	9.5	9.5	
15	34010140	醇酸防锈漆 C53-1	0.4	kg	14	14	
16	34010200	调合漆	2.34	kg	6	8	5
17	34010350	防锈漆 C53-1	1.858	kg	10	10	
18	34010510	聚四氟乙烯带 1mm×30mm	2.496	kg	240	240	
19	34010570	沥青绝缘漆	67.933	kg	11.68	11.68	
20	34010590	沥青清漆	2.68	kg	11	11	
21	34010810	铅油	0.072	kg	3	8	0
22	34010830	清油	0.036	kg	5	12	0
23	34011030	乙炔气	0.42	m²	14	28	6
24	34011070	硬脂酸一级	2.2048	kg	7	7	
25	36010080	相色带 20mm×20m	10.7574	卷	3.52	3.52	
26	46010410	橡胶垫 δ2	0.09	m²	16	16	
27	46010970	自粘性橡胶带 20mm×5m	84.6328	卷	3	3	
28	46010971	自粘性塑料带 20mm×20m 透明	0.02	卷	2.8	2.8	
29	47010060	标志牌	183.06	个	8	8	
30	47010150	金属软管尼龙接头 25	16.48	个	0.48	0.48	

序号	材料代码	材料名称、规格	数量	单位	定额价（元）	市场价（元）	价差（元）
31	47010470	塑料带 20×40m	4.66	kg	7.2	7.2	
32	47010521	塑料管卡子 150	120.95	个	2.9	2.9	
33	48010570	红砖 240×115×53	16.684	个块	210	390	3003
34	48010650	混凝土标桩 100×100×1200	81.204	个	3.5	120	9460
35	48011000	普遍硅酸盐水泥 425 号	3.78	kg	0.3	0.45	1
36	48011680	铁砂布 0~2 号	41.5	张	0.5	0.5	
37	50010300	镀锌扁钢——60×6	248.488	kg	3.9	5.1	298
38	50010540	镀锌圆钢 φ10~14	16	kg	0.25	5.3	33
39	50010810	钢套管	3.8	kg	0.25	6.5	12
40	53010010	封铅 含铅 65% 含锡 35%	17.2678	kg	12	18	104
41	53010030	焊锡	0.22	kg	28	28	
42	53010040	焊锡丝	22.4664	kg	28	28	
43	56010110	冲击钻头 φ6~12φ10	1.44	个	4	4	
44	56010130	钢锯条	33.51	根	0.8	0.8	
45	57010110	镀锌铁丝 13~17 号	21.6486	kg	3.6	6.5	63
46	57010170	镀锌铁丝 8~12 号	13.448	kg	3.5	6.5	40
47	57010260	钢丝 φ1.6	0.18	kg	5.2	5.2	
48	57010590	铁绑线 φ2	14.4	m	0.3	0.3	
49	58010280	镀锌扁钢卡子——25×4	0.728	kg	4	6.5	2
50	58010460	镀锌管接头（金属软管用）25	16.18	个	0.66	0.66	
51	58010820	镀锌管卡子 φ100~150	4.896	个	5	5	
52	58011970	固定卡子 3×80	123.6	套	2.4	2.4	
53	58012090	管卡子（金属软管用）25	32.96	个	0.85	0.85	
54	60010170	电焊条 结 422φ3.2	7.36	kg	8.5	7	26
55	60010180	电焊条 结 422φ4	3.12	kg	8.5	7	11
56	62020420	交流弧焊机 21kV·A	5.314	台班	110.91	110.91	
57	62020690	台式砂轮机 φ250	0.3	台班	9.11	9.11	
58	62020120	电动空气压缩机 10m³/min	18.2415	台班	415.67	417.67	
59	63020690	汽车式起重机 5t	3.5302	台班	415.67	415.67	
60	64010130	半圆头螺钉 M6~12×12×50	65.28	套	0.12	0.12	
61	64010730	镀锌精制带帽螺栓 M10×100 以内	34.212	10套	10	10	

续表

序号	材料代码	材料名称、规格	数量	单位	定额价（元）	市场价（元）	价差（元）
62	64010750	镀锌精制带帽螺栓 M12×100 以内	26.256	10套	12	12	
63	64010790	镀锌精制带帽螺栓 M16×100 以内	2.244	10套	22	22	
64	64010820	镀锌精制带帽螺栓 M16×100 以内	0.61	10套	36	36	
65	64010931	镀锌精制带帽螺栓 M8×16 — 25 以内	41.31	套	0.34	0.34	
66	64010980	镀锌锁紧螺母（金属软管用）25	33.28	个	0.48	0.48	
67	64011220	钢板垫板 δ4	25	kg	4.3	5.3	25
68	64011030	精制六角带帽螺栓 M12×85 — 100	16.2	套	1.2	1.2	
69	64012250	精制六角带帽螺栓 带垫 M16×	24.6	套	2.4	2.4	
70	64013200	膨胀螺栓 M6	238.68	套	0.26	0.26	
71	73020170	载重汽车 4t	0.024	台班	287.62	287.62	
72	73020180	载重汽车 5t	3.5062	台班	324.43	324.43	
73	76030010	高压试验变压器全套装置 YDJ	4	台班	197.56	197.56	
74	76030070	轻型试验变压器 TSB	25	台班	27.16	27.16	
75	76030120	直流高压发生器 ZGF-200	11	台班	39.15	39.15	
76	77010390	镀锡裸铜绞线 16mm^2	20.2204	kg	35	35	
77	77010440	镀锌电缆卡子 3×35	31.209	套	6.19	6.19	
78	77010450	镀锌接地板 40×5×120	4.16	个	2	2	
79	77010810	黑胶布 20mm×20m	2.4	卷	2	2	
80	77010880	黄漆布带 20mm×40m	2.82	卷	8	8	
81	77011360	铝接线端子 185mm^2	54.144	个	8.6	8.6	
82	77011370	铝接线端子 25mm^2	63.168	个	1.4	1.4	
83	77011390	铝接线端子 95mm^2	103.218	个	4.5	4.5	
84	77011400	铝压接管 185mm^2	9.9261	个	8.5	8.5	
85	77011410	铝压接管 25mm^2	7.52	个	1.8	1.8	
86	77011430	铝压接管 95mm^2	19.5718	个	6.8	6.8	
87	77011940	塑料胶布带 20mm×10m PVC	1.1	卷	1.4	1.4	
88	77012290	铜接线端子 DT-120mm^2	24.384	个	15	15	
89	77012310	铜接线端子 DT-16mm^2	99.77	个	1.9	1.9	
90	77012340	铜接线端子 DT-240mm^2	36.54	个	26	26	
91	77012350	铜接线端子 DT-25mm^2	14.224	个	2.5	2.5	
92	77012370	铜接线端子 DT-35mm^2	14.224	个	3	3	

续表

序号	材料代码	材料名称、规格	数量	单位	定额价（元）	市场价（元）	价差（元）
93	77012390	铜接线端子 DT-50mm²	23.368	个	3.6	3.6	
94	77012410	铜接线端子 DT-70mm²	23.368	个	8.5	8.5	
95	77012420	铜接线端子 DT-95mm²	24.384	个	11	11	
96	77030020	精密电桥 YY2814	10	台班	19.98	19.98	
97	77030030	三相精密测试电源 JCD4060	45.5	台班	89.03	89.03	
98	87030020	变比自动测量仪 AOJ-2	6	台班	11.87	11.87	
99	87030030	变压器直流电阻测试仪 JD2520	6	台班	11	11	
100	87030090	电感电容测试仪	6	台班	16.5	16.5	
101	87030100	电缆测试仪 JH5132	36	台班	10.15	10.15	
102	87030110	电缆故障测试仪 DGC-711E	18	台班	49.58	49.58	
103	87030120	电能校验仪 ST9040	34	台班	54.68	54.68	
104	87030130	电压、电流互感升流器 HJ-12E	28	台班	29.87	29.87	
105	87030140	电压电流表（各种量程）	68	台班	9.79	9.79	
106	87030190	高压绝缘电阻测试仪 3124	33	台班	43.7	43.7	
107	87030210	高压整流硅堆滤流器	18	台班	10.88	10.88	
108	87030230	光导价损测量仪	4.5	台班	35.74	35.74	
109	87030340	继电保护测试仪 JBC	55	台班	33.37	33.37	
110	87030350	继电保护测试仪 MRT-02	2	台班	147.05	147.05	
111	87030370	继电器检验仪 RLC-50	6	台班	15.62	15.62	
112	87030410	接地电阻测试仪 DET-3/2	4	台班	55.44	55.44	
113	87030720	数字存储示波器 HP-54603B	44	台班	38.59	38.59	
114	87030750	数字高压表 GYB-H	13	台班	6.14	6.14	
115	87030760	数字毫秒计 DM3-802H	42	台班	8.69	8.69	
116	87030830	数字万用表 F-87	116	台班	5.98	5.98	
117	87030970	相位电压测试仪	1.5	台班	8.9	8.9	
118	87030980	相位频率计 704-3	6	台班	13.64	13.64	
119	87031030	真空断路器测试仪 VIDAR	2	台班	202.94	202.94	
120	87031060	自动 LCR 测量仪 ZL6	45.5	台班	7.43	7.43	
121	92010020	破布	52.0472	kg	3	3	
122	UR000474	户内热缩式电缆终端头 1kV 35mm²	17.136	套		75	1285
123	UR000476	户内热缩式电缆终端头 1kV 240mm²	14.688	套		126	1851

续表

序号	材料代码	材料名称、规格	数量	单位	定额价（元）	市场价（元）	价差（元）
124	UR000479	户内热缩式电缆终端头 10kV 120mm²	3.672	套		396	1454
125	UR000483	户外热缩式电缆终端头 10kV 120mm²	3.672	套		430	1579
126	UR000499	热缩式电缆中间头 1kV 35mm²	2.04	套		150	306
127	UR000500	热缩式电缆中间头 1kV 120mm²	4.5125	套		164	740
128	UR000501	热缩式电缆中间头 1kV 240mm²	2.6928	套		252	679
129	UR000568	金属软管 DN25	8.24	m		39	321
130	UR000575	铜芯绝缘导线 BV2.5mm²	210	m		3	630
131	UR200247	镀锌扁钢 —40×4	60.9	m		9.28	565
132	UR200250	箱式变电站 S11-M-1250/10（×2）	1	台		1100000	1100000
133	UR200251	YJV22-10kV 3×70	246	m		199.2	49003
134	UR200252	YJV22-1.0kV 3×240+1×120	676.5	m		620.12	419511
135	UR200253	YJV22-1.0kV 3×95+1×50	561	m		152.51	86016
136	UR200254	YJV22-1.0kV 3×70+1×35	569	m		117.32	66755
137	UR200255	YJV22-1.0kV 3×35+1×16	512.5	m		58.96	30217
138	UR200258	ZR-YJV22-1.0kV 5×10	123	m		52.98	6517
139	UR200259	VV22-1.0kV 3×120+1×70	225.5	m		284.39	64130
140	UR200260	KV22-1.0kV 5×2.5	246	m		35.65	8770
141	UR200261	户内热缩式电缆终端头 1kV 70～120mm²	22.032	套		82	1807
142	UR200262	镀锌钢管 SC100	12.36	m		126.89	1568
143	UR200263	碳素纤维保护管 ICC-80/105-S	180	m		60	10800
144	UR200265	跌落式熔断器 HRW11-200/100A 10kV	6	只		350	2100
145	UR200267	避雷器 HY5WS-17/50-T	6	只		380	2280
146	UR200268	跌落开关支架	2.02	套		512.22	1035
147	UR200269	避雷器支架	2.02	套	2.02	512.22	1035
148	UR200270	接地极 ∠50×5×2500	9	根		101.7	915
149	UR200273	避雷引下线 35m	14.7	m		25.6	376
150	UR200275	接地线铜压接端子 25mm²	44	个		13.45	592
151	UR200276	∠75×5×1700	2.02	根		117.49	237
152	UR200277	∠63×5×1500	2.02	根		101.44	205

续表

序号	材料代码	材料名称、规格	数量	单位	定额价（元）	市场价（元）	价差（元）
153	UR200278	立瓶 P-10T	15.2	个		25	383
154	UR200279	立瓶 P-10M	6.12	个		31	190
155	UR200280	铜接线端子 2.5mm²	20	个		8.9	178
156	UR200281	铜接线端子 10mm²	10	个		15.2	152
157	UR200282	铜接线端子 16mm²	8	个		18.6	149
158	UR200283	铜接线端子 35mm²	28	个		25.6	717
159	UR200284	铜接线端子 70mm²	36	个		33.8	1217
160	UR200285	铜接线端子 50mm²	10	个		30.1	301
161	UR200286	铜接线端子 95mm²	30	个		36.8	1104
162	UR200287	铜接线端子 120mm²	18	个		40.3	725
163	UR200288	铜接线端子 240mm²	36	个		49	1764
164	UR200289	电缆支撑抱箍 $\phi220\sim320$	9	套		38	342
165	UR200290	热缩式电缆中间头 10kV 3×70	0.9792	套		792	776
166	UR200291	M 垫铁 $\phi220$	4	个		18	72
167	UR200292	镀锌螺栓 M16×380	4	根		8	32
		合　　计					2014615

电气工程主要材料表

工程名 第 1 页 共 2 页

序号	材料代码	材料名称、规格	数量	单位	单价（元）	合价（元）
1	UR000474	户内热缩式电缆终端头 1kV 35mm²	17.136	套	75	1285
2	UR000476	户内热缩式电缆终端头 1kV 240mm²	14.688	套	126	1851
3	UR000479	户内热缩式电缆终端头 10kV 120mm²	3.672	套	396	1454
4	UR000483	户外热缩式电缆终端头 1kV 120mm²	3.672	套	430	1579
5	UR000499	热缩式电缆中间头 1kV 35mm²	2.04	套	150	306
6	UR000500	热缩式电缆中间头 1kV 120mm²	4.5125	套	164	740
7	UR000501	热缩式电缆中间头 1kV 240mm²	2.6928	套	252	679
8	UR000568	金属软管 DN25	8.21	m	39	321
9	UR000575	铜芯绝缘导线 BV2.5mm²	210	m	3	630
10	UR200247	镀锌扁钢 ─ 40×4	60.9	m	9.28	565
11	UR200250	箱式变电站 S11-M-1250/10（×2）	1	台	1100000	1100000
12	UR200251	YJV22-10kV 3×70	246	m	199.2	49003
13	UR200252	YJV22-1.0kV 3×240+1×120	676.5	m	620.12	419511
14	UR200253	YJV22-1.0kV 3×95+1×50	561	m	152.51	86016
15	UR200254	YJV22-1.0kV 3×70+1×35	569	m	117.32	66755
16	UR200255	YJV22-1.0kV 3×35+1×16	512.5	m	58.96	30217
17	UR200258	ZR-YJV22-1.0kV 5×10	123	m	52.98	6517
18	UR200259	VV22-1.0kV 3×120+1×70	225.5	m	284.39	64130
19	UR200260	KV22-1.0kV 5×2.5	246	m	35.65	8770
20	UR200261	户内热缩式电缆终端头 1kV 70～120mm²	22.032	套	82	1807
21	UR200262	镀锌钢管 SC100	12.36	m	126.89	1568
22	UR200263	碳素纤维保护管 ICC-80/105-S	180	m	60	10800
23	UR200265	跌落式熔断器 HRW11-200/100A 10kV	6	只	350	2100
24	UR200267	避雷器 HY5WS-17/50-T	6	只	380	2280
25	UR200268	跌落开关支架	2.02	套	512.22	1035
26	UR200269	避雷器支架	2.02	套	512.22	1035
27	UR200270	接地极∠50×5×2500	9	根	101.7	915
28	UR200273	避雷引下线 35m	44	m	25.6	376
29	UR200275	接地线铜压接端子 25mm²	14	个	13.45	592
30	UR200276	∠75×5×1700	2.02	根	117.49	237
31	UR200277	∠63×5×1500	2.02	根	101.44	205

序号	材料代码	材料名称、规格	数量	单位	单价（元）	合价（元）
32	UR200278	立瓶 P-10T	15.2	个	25	383
33	UR200279	立瓶 P-10M	6.12	个	31	190
34	UR200280	铜接线端子 2.5mm²	20	个	8.9	178
35	UR200281	铜接线端子 10mm²	10	个	15.2	152
36	UR200282	铜接线端子 16mm²	8	个	18.6	149
37	UR200283	铜接线端子 35mm²	28	个	25.6	717
38	UR200284	铜接线端子 70mm²	36	个	33.8	1217
39	UR200285	铜接线端子 50mm²	10	个	30.1	301
40	UR200286	铜接线端子 95mm²	30	个	36.8	1104
41	UR200287	铜接线端子 120mm²	18	个	40.3	725
42	UR200288	铜接线端子 240mm²	36	个	49	1764
43	UR200289	电缆支撑抱箍 ϕ220～320	9	套	38	342
44	UR200290	热缩式电缆中间头 10kV 3×70	0.9792	套	792	776
45	UR200291	M 垫铁 ϕ220	4	个	18	72
46	UR200292	镀锌螺栓 M16×380	4	根	8	32
		合　　计				1871381

配 合 比 材 料 表

工程名称： 第 1 页 共 1 页

序号	配合比材料名称	消耗量	单位	基价（元）	单价（元）
DWGC6	安装工程				
DWGC7	安装工程				
DWGC12	安装工程				
DWGC2					
DWGC1					

电 气 工 程 直 接 费 表

工程名称：

序号	费 用 名 称	金额（元）
一	定额合计	150096
1	定额项目	147344
1.1	电气工程	129708
1.2	人工土方工程	17636
2	措施估价项目	2752
二	主材合计	1871381
三	合　计	2021477
D	电气工程人工含量	2150

【例3-4】 某附属中学（南校区）校园文化建设工程结算书及评审资料。

1. 工程结算书

工 程 结 算 书

工程名称： <u>×××附属中学（南校区）校园文化建设工程</u>

结算总价： <u>　　　　　776644.84 元　　　　　</u>

施工单位： <u>　　　　×××建筑公司（盖章）　　　</u>

编制日期： <u>　　　　×××× 年 ×× 月 ×× 日　　　</u>

2. 工程量确认单

工 程 量 确 认 单

工程名称：×××附属中学（南校区）校园文化建设工程—文化展示装饰工程

施工单位：×××建筑公司

工程量确认内容：（见下表）

序号	位置	名称	材质	尺寸	单位	数量（元）
1	教学楼	入口玻璃窗口上方展板	双层 5mm 亚克力夹喷绘	1200×900	块	2
2		宣传展板	5mm 亚克力平板喷绘加外置亚克力插槽	1000×800	块	6
3		公告展板	5mm 亚克力平板喷绘加外置亚克力插槽	1200×1000	块	4
4		宣传画（含漫画设计）	5mm 亚克力平板喷绘	600×400	块	8
5		不锈钢大字	1.5mm 304 不锈钢雕刻	1000×1000×20	个	12
6		宣传展板	KT 板	1200×700	块	4
7		楼梯号牌、门牌、温馨提示牌	5mm＋3mm 亚克力异形，丝网印刷	300×300	块	18
8		形象墙交大标识	1.5mm 304 不锈钢折弯焊接	1000×1000	个	1
9		形象墙交大名称	1.5mm 304 不锈钢折弯焊接	500×500	个	10
10		翻书展板	1.5mm 304 不锈钢骨架，KT 板喷绘	1200×2000 1040×1940	组	8
11	学生公寓	一层展板	5mm 亚克力平板喷绘	600×900	块	41
12		二层以上展板	5mm 亚克力平板喷绘	600×900	块	120
13		楼梯号牌、门牌、温馨提示牌	5mm＋3mm 亚克力异形，丝网印刷	300×300	块	76
14	食堂	区域吊牌及分流引导牌	1.0mm 201 号不锈钢折弯烤漆，内容丝网印刷	3000×350×30	块	9
15		地面引导	3M 不干胶喷绘地贴	宽 12cm	米	100
16		消防流线图	5mm 亚克力丝印	650×400	块	6
17		不锈钢立体雕刻字	1.5mm 304 不锈钢折弯焊接	500×500×20	个	14
18		餐桌面文化宣传	3M 不干胶喷绘	1350×850	张	140
19		窗口、编号	3M 不干胶雕刻	500×500	米	16
20		窗口抬头装饰	3M 不干胶喷绘	8000×500	米	16
21		文化画框展示	实木质装饰画框	500×500	块	48
22		温馨提示牌	3M 不干胶喷绘	300×120	块	50
23		温馨提示牌	5mm 亚克力丝印	300×300	块	22
24		宣传展板	异形 5mm 亚克力加喷绘	750×750	块	72

施工单位工程量计算人：（签字或盖章）＿＿＿＿＿＿＿＿＿　　　　　　＿＿＿年＿＿月＿＿日

校方工程量确认人：（签字或盖章）＿＿＿＿＿＿＿＿＿　　　　　　　　＿＿＿年＿＿月＿＿日

工 程 量 确 认 单

×××附属中学（南校区）校园文化建设

序号	名 称	工程量	
		单位	数量
一	道路改造		
	块料面层路面拆除 水泥砖	m²	60
	混凝土道路拆除	m³	18
	渣土运输 三环以内	m³	18
	路面垫层（天然级配砂石）	m³	18
	地面新做透水路面砖	m²	60
二	户外钢梯		
	拆除原有老旧阳光棚	m²	89
	新做 PC 阳光棚	m²	89
	塑料楼地面新做	m²	121
	旧漆面清除	m²	289
	钢梯喷漆	m²	289
三	室外台阶		
1	东小房办公区台阶		
	原有台阶拆除	m²	57.4
	石材楼地面拆除（台阶踏步范围外地面）	m²	40.36
	灰土垫层 3∶7	m³	17.22
	C15 混凝土垫层	m³	3.44
	C15 混凝土台阶	m²	57.4
	台阶大理石石材面层新做	m²	57.4
	大理石楼地面新做	m²	40.36
	渣土运输 三环以内	m³	10.926
2	教学楼南门台阶及坡道		
	石材楼地面拆除	m²	35.24
	渣土运输 三环以内	m³	3.524

续表

序号	名　　称	工程量	
		单位	数量
	通廊不锈钢栏杆新做	m²	12
	大理石台阶石材面层新做	m²	22.32
	坡道新做大理石干拌砂浆	m²	12.16
四	雨水管线		
	管沟挖土 普通土	m³	10.56
	回填砂石（天然级配砂石）	m³	10.56
	室外排水塑料管安装（粘接） 公称直径（300mm）	m	9.2
	室外排水塑料管安装（粘接） 公称直径（200mm）	m	16.9
	排水检查井 $h \leqslant 1400\phi700$ 以内（预拌）	座	2
	砌抹雨水口井、安铁箅子 30cm×30cm 以内 干拌砂浆	个	2

校方签字：

签字日期：

工 程 结 算 合 价 表

工程名称：×××附属中学（南校区）校园文化建设工程

序号	项 目 名 称	合价（元）	备注
一	文化基础装修工程	255052.84	
二	文化展示装修工程	521592.00	
三	结算总价	776644.84	

×××建筑公司

××××年××月××日

价 格 确 认 单

工程名称：×××附属中学（南校区）校园文化建设工程—文化展示装饰工程

施工单位：×××建筑公司

价格确认内容：（见下表）

序号	位置	名称	材质	尺寸	单位	数量（元）
1	教学楼	入口玻璃窗口上方展板	双层 5mm 亚克力夹喷绘	1200×900	块	1600.00
2		宣传展板	5mm 亚克力平板喷绘加外置亚克力插槽	1000×800	块	2100.00
3		公告展板	5mm 亚克力平板喷绘加外置亚克力插槽	1200×1000	块	2600.00
4		宣传画（含漫画设计）	5mm 亚克力平板喷绘	600×400	块	500.00
5		不锈钢大字	1.5mm 304 不锈钢雕刻	1000×1000×20	个	500.00
6		宣传展板	KT 板	1200×700	块	100.00
7		楼梯号牌、门牌、温馨提示牌	5mm＋3mm 亚克力异形，丝网印刷	300×300	块	400.00
8		形象墙交大标识	1.5mm 304 不锈钢折弯焊接	1000×1000	个	1900.00
9		形象墙交大名称	1.5mm 304 不锈钢折弯焊接	500×500	个	300.00
10		翻书展板	1.5mm 304 不锈钢骨架，KT 板喷绘	1200×2000 1040×1940	组	5700.00
11	学生公寓	一层展板	5mm 亚克力平板喷绘	600×900	块	1080.00
12		二层以上展板	5mm 亚克力平板喷绘	600×900	块	1080.00
13		楼梯号牌、门牌、温馨提示牌	5mm＋3mm 亚克力异形，丝网印刷	300×300	块	300.00
14	食堂	区域吊牌及分流引导牌	1.0mm 201 号不锈钢折弯烤漆，内容丝网印刷	3000×350×30	块	4500.00
15		地面引导	3M 不干胶喷绘地贴	宽 12cm	米	100.00
16		消防流线图	5mm 亚克力丝印	650×400	块	390.00
17		不锈钢立体雕刻字	1.5mm 304 不锈钢折弯焊接	500×500×20	个	550.00
18		餐桌面文化宣传	3M 不干胶喷绘	1350×850	张	250.00
19		窗口、编号	3M 不干胶雕刻	500×500	米	250.00
20		窗口抬头装饰	3M 不干胶喷绘	8000×500	米	250.00
21		文化画框展示	实木质装饰画框	500×500	块	300.00
22		温馨提示牌	3M 不干胶喷绘	300×120	块	50.00
23		温馨提示牌	5mm 亚克力丝印	300×300	块	90.00
24		宣传展板	异形 5mm 亚克力加喷绘	750×750	块	1125.00

施工单位价格计算人：（签字或盖章） _____ _____年___月___日

校方价格确认人：（签字或盖章） _____ _____年___月___日

项目工程费用汇总表

工程名称：×××附属中学（南校区）校园文化建设工程—文化展示装饰工程

序号	位置		名称	材质	尺寸	单位	金额（元）			备注
							数量	单价	合计	
1	南校区	教学楼	入口玻璃窗口上方展板	双层5mm亚克力夹喷绘	1200×900	块	2	1600.00	3200.00	
2			宣传展板	5mm亚克力平板喷绘加外置亚克力插槽	1000×800	块	6	2100.00	12600.00	
3			公告展板	5mm亚克力平板喷绘加外置亚克力插槽	1200×1000	块	4	2600.00	10400.00	
4			宣传画（含漫画设计）	5mm亚克力平板喷绘	600×400	块	8	500.00	4000.00	
5			不锈钢大字	1.5mm 304不锈钢雕刻	1000×1000×20	个	12	500.00	6000.00	
6			宣传展板	KT板	1200×700	块	4	100.00	400.00	
7			楼梯号牌、门牌、温馨提示牌	5mm＋3mm亚克力异形，丝网印刷	300×300	块	18	400.00	7200.00	
8			形象墙交大标识	1.5mm 304不锈钢折弯焊接	1000×1000	个	1	1900.00	1900.00	
9			形象墙交大名称	1.5mm 304不锈钢折弯焊接	500×500	个	10	300.00	3000.00	
10			翻书展板	1.5mm 304不锈钢骨架，KT板喷绘	1200×2000 1040×1940	组	8	5700.00	45600.00	
11		学生公寓	一层展板	5mm亚克力平板喷绘	600×900	块	41	1080.00	44280.00	
12			二层以上展板	5mm亚克力平板喷绘	600×900	块	120	1080.00	129600.00	
13			楼梯号牌、门牌、温馨提示牌	5mm＋3mm亚克力异形，丝网印刷	300×300	块	76	300.00	22800.00	

续表

序号	位置		名称	材质	尺寸	单位	金额（元）			备注
							数量	单价	合计	
14			区域吊牌及分流引导牌	1.0mm 201号不锈钢折弯烤漆，内容丝网印刷	3000×350×30	块	9	4500.00	40500.00	
15			地面引导	3M不干胶喷绘地贴	宽12cm	米	100	100.00	10000.00	
16			消防流线图	5mm亚克力丝印	650×400	块	6	390.00	2340.00	
17			不锈钢立体雕刻字	1.5mm 304不锈钢折弯焊接	500×500×20	个	14	550.00	7700.00	
18	南校区	食堂	餐桌面文化宣传	3M不干胶喷绘	1350×850	张	140	250.00	35000.00	
19			窗口、编号	3M不干胶雕刻	500×500	米	16	250.00	4000.00	
20			窗口抬头装饰	3M不干胶喷绘	8000×500	米	16	250.00	4000.00	
21			文化画框展示	实木质装饰画框	500×500	块	48	300.00	14400.00	
22			温馨提示牌	3M不干胶喷绘	300×120	块	50	50.00	2500.00	
23			温馨提示牌	5mm亚克力丝印	300×300	块	22	90.00	1980.00	
24			宣传展板	异形5mm亚克力加喷绘	750×750	块	72	1125.00	81000.00	
25	小计		南校区						494400.00	
26	税金		5.50%						27192.00	
27	总计								521592.00	

工 程 联 系 通 信 录

工程名称：×××附属中学（南校区）校园文化建设工程

序号	单 位 名 称	负责人	联系电话
1	建设单位：×××附属中学	×××	××××××××××
2	设计单位：×××建筑工程设计有限公司	×××	××××××××××
3	监理单位：×××工程管理有限公司	×××	××××××××××
4	施工单位：×××建筑公司	×××	××××××××××

3. 预算评审报告

×××附属中学（南校区）

校园文化建设工程

预算造价评审报告书

工程审字（××××）JW108号

公司名称：×××投资顾问有限公司

地　　址：×××市×××区×××路××号

×××广场×座××××室

电　　话：×××××××——××××

传　　真：×××××××——××××

附件一

×××附属中学（南校区）
校园文化建设工程
预算造价评审调整书

评 审 结 果 确 认 函

致：×××区教育委员会、华诚博远（北京）投资顾问有限公司

　　我单位对<u>×××附属中学（南校区）校园文化建设</u>预算的评审结果（即送审金额为 1098173.68 元，评审调整为 944366.31 元）予以认可，同意出评审报告。

×××附属中学

（签字　盖章）

×××× 年××月××日

单 位 工 程 费 用 表

工程名称：钢梯刷漆　　　　　　　　　　　　　　　　　　　　　　第 1 页　共 1 页

序号	费 用 名 称	费率（%）	费用金额（元）
1	直接工程费		66595.57
1.1	人工费		22007.01
1.2	材料费		43530.49
1.2.1	其中：材料（设备）暂估价		
1.3	机械费		1058.07
2	措施费		2430.74
2.1	措施费1		
2.1.1	其中：人工费		
2.2	措施费2		2430.74
2.2.1	其中：人工费		907.37
3	直接费		69026.31
4	企业管理费	14.8	10215.89
5	利润	7	5546.95
6	规费		5439.87
6.1	其中：社会保险费	17.31	3966.48
6.2	住房公积金	6.43	1473.39
7	税金	3.48	3139.97
8	专业工程暂估价		
9	工程造价		93368.99

单 位 工 程 费 用 表

工程名称：管道挖坑　　　　　　　　　　　　　　　　　　　第 1 页　共 1 页

序号	费 用 名 称	费率（%）	费用金额（元）
1	直接工程费		2105
1.1	人工费		1142.71
1.2	材料费		920.3
1.2.1	其中：材料（设备）暂估价		
1.3	机械费		41.99
2	措施费		76.83
2.1	措施费1		
2.1.1	其中：人工费		
2.2	措施费2		76.83
2.2.1	其中：人工费		28.69
3	直接费		2181.83
4	企业管理费	14.8	322.91
5	利润	7	175.33
6	规费		278.09
6.1	其中：社会保险费	17.31	202.77
6.2	住房公积金	6.43	75.32
7	税金	3.48	102.94
8	专业工程暂估价		
9	工程造价		3061.1

单 位 工 程 概 预 算 表

工程名称：排水工程

序号	编号	名称	工程量		价值（元）		其中（元）	
			单位	数量	单价	合价	人工费	材料费
1	10-219	排水检查井 $h \leqslant 1400 \phi 700$ 以内（预拌）	座	2	1972.46	3944.92	1204.8	2665.76
2	10-253	砌抹雨水口井、安铁箅子 30cm×30cm 以内 干拌砂浆	个	2	317.57	635.14	228.76	392.26
3	1-231	室外排水塑料管安装（粘接）公称直径（200mm）	m	16.2	85.76	1389.31	159.25	1205.93
4	1-233	室外排水塑料管安装（粘接）公称直径（300mm）	m	9.9	232.9	2305.71	130.58	2155.13
		分 部 小 计				8275.08	1723.39	6419.08
		合 计				8275.08	1723.39	6419.08

单 位 工 程 费 用 表

工程名称：室外工程　　　　　　　　　　　　　　　　　　　　　第 1 页　共 1 页

序号	费 用 名 称	费率（%）	费用金额（元）
1	直接工程费		13600.62
1.1	人工费		6818.76
1.2	材料费		5520.9
1.2.1	其中：材料（设备）暂估价		
1.3	机械费		1260.96
2	措施费		496.43
2.1	措施费 1		
2.1.1	其中：人工费		
2.2	措施费 2		496.43
2.2.1	其中：人工费		185.32
3	直接费		14097.05
4	企业管理费	14.8	2086.36
5	利润	7	1132.84
6	规费		1662.77
6.1	其中：社会保险费	17.31	1212.41
6.2	住房公积金	6.43	450.36
7	税金	3.48	660.47
8	专业工程暂估价		
9	工程造价		19639.49

单 位 工 程 费 用 表

工程名称：台阶 第 1 页 共 1 页

序号	费 用 名 称	费率（%）	费用金额（元）
1	直接工程费		93188.35
1.1	人工费		21052.34
1.2	材料费		71027.92
1.2.1	其中：材料（设备）暂估价		
1.3	机械费		1108.09
2	措施费		3093.84
2.1	措施费1		
2.1.1	其中：人工费		
2.2	措施费2		3093.84
2.2.1	其中：人工费		1115.93
3	直接费		96282.19
4	企业管理费	14.8	14249.76
5	利润	7	7737.24
6	规费		5262.75
6.1	其中：社会保险费	17.31	3837.33
6.2	住房公积金	6.43	1425.42
7	税金	3.48	4298.91
8	专业工程暂估价		
9	工程造价		127830.85

项目工程费用汇总表

项目名称：×××附中校园文化建设工程（南校区）

序号	工程名称	工程造价（元）	直接费	其中：（元）			单方造价（元/m²）	占造价百分比（%）
				人工费	暂估价	设备购置		
1	室外工程	19639.49	14097.05	6818.8				7.69
2	钢梯刷漆	93368.99	69026.31	22007				36.58
3	管道挖坑	3061.1	2181.83	1142.7				1.2
4	排水工程	11353.53	8577.13	1723.4				4.45
5	台阶	127830.85	96282.19	21052				50.08
	合　计	255253.96	190164.51	52744				100

××× 投资顾问有限公司

工程审字〔2014〕JW108 号

××× 附属中学（南校区）　　　　　　　　　　　　　　　校园文化建设工程

预算造价评审报告书

××× 区教育委员会：

我公司受贵委员会的委托，对贵委员会提供的由 ××× 建筑工程设计有限公司、×××文化创意有限公司编制的 ××× 附属中学（南校区）校园文化建设工程预算造价进行评审，送审资料的真实性、合法性及完整性由提供者和编制者负责，我们的责任是对 ×××附属中学（南校区）校园文化建设工程预算书的编制是否真实、公允地反映工程造价发表评审意见。评审过程中，我们结合实际情况实施了我们认为必要的评审程序，现将评审情况报告如下：

一、工程概况

××× 附属中学（南校区）校园文化建设工程，建设地点：××× 市 ××× 区上园村 3 号。学校创建于 1957 年，是一所现代化的市属重点中学。校园环境艺术能营造高雅的校园文化氛围，充分发挥环境育人的功能，为学生的健康发展创造一个良好的环境，开创富有强烈时代感的校园文化。现学校室外钢梯、室外局部路面和室外台阶等公共空间，很多装修破损，需要重新装修，目前状况已不能满足学校高质量的校园文化环境要求。为传达学校办学理念与学校文化，以自己特有的视觉符号系统吸引公众的注意力并产生记忆，使社会对本学校所提供的教学产生最高的品牌忠诚度，提高学校教学士气与教学氛围。需要独特的宣传展示文化的载体，各种宣传牌、展板的设计以形象的视觉形式宣传学校文化。主要施工内容：室外路面面层的拆除和新做；混凝土台阶的拆除和新做；钢梯的刷漆和钢梯上方旧阳光棚的拆除以及新做；室外雨水管道的挖槽和雨水管的安装；学校东小房办公区台阶的拆除和新做以及新做大理石面层；教学楼南门地面面层的拆除和新做；校园文化展示装饰工程。

该工程由 ××× 附属中学组织建设，设计单位为 ××× 建筑工程设计有限公司和 ×××文化创意有限公司。

二、评审依据

(1)《××× 市财政局投资评审管理暂行规定》× 财经二〔××××〕××××号；

(2)《××× 市财政投资评审项目评审操作规程》× 财经二〔××××〕××××号；

(3) 现行的国家规范及标准图集、有关建筑法律法规；

(4)《××× 市房屋修缮工程计价依据——预算定额》××××年及其配套的费用定额；

(5) ××× 市造价管理处颁发的一系列调整性文件；

(6)《×× 工程造价信息》(××××年第×期)；

(7) 国家计委、建设部关于发布《工程勘察设计收费管理规定的通知》（计价格〔××××〕××号）；

　　(8) 国家发展改革委、建设部关于印发《建设工程监理与相关服务收费管理规定》的通知（发改价格〔××××〕×××号）；

　　(9) 送审单位提供的×××附属中学（南校区）校园文化建设工程可行性研究报告、预算书、施工图纸等有关资料。

　　三、评审范围

　　为×××建筑工程设计有限公司、×××文化创意有限公司编制的×××附属中学（南校区）校园文化建设工程预算书。

　　四、评审程序

　　评审过程中我们实施了必要的评审程序，抽查核算部分工程量计算的准确性；复核定额子目、取费程序及费率套用的正确性；主要材料的价格与信息价或市场价的比对等。

　　五、评审情况

　　通过对×××附属中学（南校区）校园文化建设工程预算书的评审，我们主要在以下方面对原报预算工程造价进行了调整。

　　(一) 工程量调整（详见预算评审调整书）

　　(1) 原报钢梯刷漆工程量为 293.50m²，依据图纸计算工程量为 289.00m²，评审中予以调整；

　　(2) 原报挖槽（200 管径）工程量为 16.20m³，依据图纸计算工程量为 6.48m³，评审中予以调整；

　　(3) 挖槽（300 管径）工程量为 13.65m³，依据图纸计算工程量为 4.46m³，评审中予以调整；

　　(4) 原报路面垫层（天然级配砂石）工程量为 29.85m³，依据图纸计算工程量为 10.94m³，评审中予以调整；

　　(5) 原报台阶大理石楼地面新做工程量为 78.00m²，依据图纸计算工程量为 114.00m²，评审中予以调整。

　　(二) 人工费单价调整

　　评审人工费参照 2014 年 07 月《××工程造价信息》，如建筑工程 95.00 元/工日，普通装饰工程 97.00 元/工日，房修结构工程 95.00 元/工日，房修装饰工程 110.00 元/工日。

　　(三) 主要材料价格调整

　　参照 2014 年 07 月《××工程造价信息》及市场询价调整主要材料价格：天然级配砂石、宣传展板、消防流线图、不锈钢立体雕刻字等。

　　(四) 定额子目调整

　　(1) 原报定额子目 10-83 散水、甬路拆除、豆石混凝土，依据图纸做法改为定额子目 1-1 混凝土垫层拆除，审予以调整；

　　(2) 原报定额子目 1-149 钢梯铺 1.2cm 厚塑胶面层，依据图纸做法改为定额子目 1-74 塑料楼地面新做，评审予以调整；

　　(3) 原报定额子目 10-222 水表井，圆形 φ1000 以内（现拌），依据图纸做法改为定额子目 10-253 砌抹雨水口井、安铁算子 30cm×30cm 以内干拌砂浆，评审予以调整；

（4）原报定额子目 1-151 室外给水铸铁管安装（胶圈接口）公称直径（200mm），依据图纸做法改为定额子目 1-231 室外排水塑料管安装（粘接）公称直径（200mm），评审予以调整；

（5）原报定额子目 1-153 室外给水铸铁管安装（胶圈接口）公称直径（300mm），依据图纸做法改为定额子目 1-233 室外排水塑料管安装（粘接）公称直径（300mm），评审予以调整；

（6）原报定额子目 3-68 台阶砌筑，依据图纸做法改为定额子目借 5-46 现浇混凝土台阶，评审予以调整；

（7）原报定额子目 10-76 台阶石材面层新做大理石干拌砂浆，依据图纸做法改为定额子目 1-47 大理石楼地面新做干拌砂浆，评审予以调整。

六、评审结果

委托方报审的×××附属中学（南校区）校园文化建设工程预算金额为 1098173.68 元，评审预算金额调整为 944366.31 元（文化基础装修工程费 255253.96 元：其中室外工程 19639.49 元，钢梯刷漆工程 93368.99 元，管道挖坑工程 3061.10 元，排水工程 11353.53 元，台阶工程 127830.85 元；文化展示装饰工程费 521592.00 元；二类费：文化基础装修工程设计费 11486.43 元，文化基础装修工程监理费 8423.38 元，文化展示装饰工程设计费 130398.00 元，文化展示装饰工程监理费 17212.54 元），调减 153807.37 元。

七、说明事项

（1）依据定额说明金属面油漆工作内容包括：清扫、铲除、打磨毛刷、除锈清除油污至油漆成活的全部工作，本次所报漆面打磨为重复项目，评审予以调整；

（2）依据定额说明大理石面层新做已经包含 DS 砂浆找平的工作，本次所报楼地面水泥砂浆找平层新做 2cm 厚硬基层上干拌砂浆为重复项，评审予以调整；

（3）依据×××文化创意有限公司与×××附属中学（南校区）所签订的合同，文化展示装饰工程设计费按照 25% 计取，评审执行合同价。

八、评审建议

（1）建议各学校严格执行后勤管理中心批准的申报工程方案 [可行性研究报告、施工图纸、工程（概）预算书]；

（2）建议各学校申报的工程方案中可行性研究报告、施工图纸及概算施工范围一致；

（3）建议建设单位签约时采用××市工商行政管理局制定的相应施工合同示范文本，以保证合同双方的合法权益；

（4）建议在施工过程中出现材料、设备材质、标准及工程量变化或发生价差时，按照合同约定的办法及程序及时办理技术和经济洽商文件，以确认增（减）的工程变更价款作为追加（减）合同价款的依据；

（5）建议建设单位在施工中收集及保存好材料及设备采购的相关技术及经济文档，便于本工程的验收以及工程竣工结算文件的编制和审核工作。

附件：

附件一预算评审汇总表

附件二主要工程量差异表

×××投资顾问有限公司　　　　　　　　　　注册造价工程师：

工程造价咨询（甲级）资质专用章　　　　　　复核人：

　　　　　　　　　　　　　　　　　　报告日期：××××年××月××日

附件一

预 算 评 审 汇 总 表

工程名称：×××附属中学（南校区）校园文化建设工程　　　　　　　　　　　　　元

序号	分项工程名称	委托单位送审值	咨询单位审定值	评审增（＋）减（－）值	备注
一	工程费	904537.64	776845.96	−127691.68	
1	文化基础装修工程	304137.14	255253.96	−48883.18	
1.1	室外工程	23015.38	19639.49	−3375.89	
1.2	钢梯刷漆	126533.34	93368.99	−33164.35	
1.3	管道挖坑	8412.09	3061.10	−5350.99	
1.4	排水工程	18047.48	11353.53	−6693.95	
1.5	台阶	128128.85	127830.85	−298.00	
2	文化展示装饰工程	600400.50	521592.00	−78808.50	
2.1	文化展示装饰工程	600400.50	521592.00	−78808.50	
二	其他工程费	193636.04	167520.35	−26115.69	
1	文化基础装修工程设计费	13686.17	11486.43	−2199.74	
2	文化基础装修工程监理费	10036.53	8423.38	−1613.15	
3	文化展示装饰工程设计费	150100.13	130398.00	−19702.13	
4	文化展示装饰工程监理费	19813.22	17212.54	−2600.68	
三	汇总	1098173.68	944366.31	−153807.37	

注：评审增（＋）减（－）值＝审定值−送审值　　　　　　　　　　评审汇总人：×××

附件二

主 要 工 程 量 差 异 表

工程名称：×××附属中学（南校区）校园文化建设工程

序号	名称	单位	送审工程量	审定工程量	评审增（＋）减（－）值	备注
1	钢梯刷漆	m²	293.50	289.00	－4.50	
2	挖槽（200管径）	m³	16.20	6.48	－9.72	
3	挖槽（300管径）	m³	13.65	4.46	－9.20	
4	路面垫层（天然级配砂石）	m³	29.85	10.94	－18.92	
5	台阶大理石楼地面新做	m²	78.00	114.00	36.00	

注：评审增（＋）减（－）值＝审定值－送审值

4. 工程结算申请表

工 程 结 算 申 请 表　　　　　　　　编号：

工程名称					
执行合同名称					
合同编号		验收时间		验收结论	合格

××房地产开发有限公司：

　　我公司承建的 _____ 工程，已经通过竣工验收，所有结算资料齐全，现申请进行结算。

　　附件：1. 工程验收报告单（含监理正式表格）

　　　　　2. 结算资料（包括竣工图纸、技术资料、工程签证单、材料认价单等）

　　　　　3. 施工单位预算书

　　　　　4. 其他附件

　　　　　　　　　　　　　　　　　　　　　　　　　　　　　施工单位：　　　　（盖章）

　　　　　　　　　　　　　　　　　　　　　　　　　　　　　项目经理：（签字）

建设单位意见

主管工程师意见：	工程经理意见：
签字：	签字： （盖章）

总经理意见：

　　　　　　　　　　　　　　　　　　　　　　　　　　　　　　　　　　　　签字：

注：1. 盖工程部公章生效。

　　2. 本表原件二份，在预算合约部同结算资料一同保存。

5. 工程结算单

工 程 结 算 单

建设单位（甲方）：××房地产开发有限公司

施工单位（乙方）：

　　甲、乙双方根据签订的施工合同或工程签证，乙方在甲方开发建设的＿＿＿＿＿＿＿＿＿＿（开发项目名称）承建下表所列相关工程，现该工程已经竣工（进度），双方对该工程进行了工程结算，结算金额见下。

工 程 结 算 单

序号	工程项目名称	合同编号	结算金额（元）	核定单编号
1				
合计	大写：			

　　以上结算金额甲、乙双方均同意，无其他异议。

　　按施工合同及相关资料应由甲方从乙方工程款中扣除的各项费用正常执行。

　　此工程结算单一式四份，甲、乙双方各执两份，具有同等法律效力。

建设单位（章）：　　　　　　　　　　　施工单位（章）：

法定代表人：　　　　　　　　　　　　　法定代表人：

或委托代理人：　　　　　　　　　　　　或委托代理人：

　　　　　　　　　　年　月　日　　　　　　　　　　　年　月　日

6. 工程造价测算申请表

工程造价测算申请表

申请部门		提出时间	
拟发包项目名称		拟发包时间	
其他情况说明： 　　　　　　经办人员签字：　　　　　　　　　　　　　　　　　部门负责人签字： 　　　　　　　　　　　　　　　　　　　　　　　　　　　　　　年　月　日			
预算合约部测算结果及发包建议： 　　　　　　　　　　　　　　　　　　　　　　　　　　部门负责人签字： 　　　　　　　　　　　　　　　　　　　　　　　　　　　　年　月　日			
总经理批示： 　　　　　　　　　　　　　　　　　　　　　　　　　签字： 　　　　　　　　　　　　　　　　　　　　　　　　　年　月　日			

注：本表原件二份，申请部门、预算合约部各存档一份。

7.×××房地产工程造价核定单

×××房地产工程造价核定单

开发项目名称：　　　　　　　　　　　　　　　　　　　　　　　　核定单编号：

工程名称：				施工单位：					
序号	工程项目名称	合同编号	原报金额（元）	审定金额（元）	下浮比例	核定金额（元）	初审人签字	复核人签字
1								
2								
3								
4								
合计	大写：							
预算合约部	预算人员（签字）： 主　　任（签字）：			总经理意见： 总经理（签字）：				

年　　月　　日

8. 工程结算资料

结算资料类别及整理要求

类别	资料名称	资料整理要求
合同	招（邀）标文件 投标文件及承诺 工程量清单 补充协议	1. 时间：施工队伍进场前 2. 施工单位、监理、建设方现场工程师及预算员熟悉相关合同条款 3. 作为处理签证、质量和进度管理的依据，归档作为结算资料
挖、拆工程资料	原始地貌测量记录	1. 时间：土石方工程施工前 2. 由施工单位、监理、甲方现场工程师及预算员现场共同测量 3. 测量记录需经各参建人员共同签字，开挖范围与拟建工程相对位置关系清楚，参照点、复核点位置及高程明确，测点读数（或高程）标注清楚，存档作为结算资料
	分层开挖面测量记录	1. 地质条件不同需要分开计量 2. 由施工单位、监理、甲方现场工程师及预算员现场共同测量 3. 测量记录需经各参建人员共同签字，开挖范围与拟建工程相对位置关系清楚，参照点、复核点位置及高程明确，测点读数（或高程）标注清楚，存档作为结算资料
	土石方开挖完成面测量记录	1. 时间：土石方工程完工 2. 由施工单位、监理、甲方现场工程师及预算员现场共同测量 3. 测量记录需经各参建人员共同签字，开挖完成范围与拟建工程、原始测量面相对位置关系清楚，参照点、复核点位置及高程明确，测点读数（或高程）标注清楚，存档作为结算资料
	地下管线、构筑物收方记录	1. 时间：基础或土石方施工过程中 2. 在施工单位挖（或拆）除前，完善隐蔽工程收方记录 3. 收方记录要求签字齐全，对管线、构筑物描述清楚（可借助摄像器材），是否从相关工程量中扣除签署具体意见，归档作为原始结算依据

类别	资 料 名 称	资料整理要求
隐蔽工程资料	钻孔、锚杆、锚索收方、隐蔽记录	1. 时间：锚杆、索隐蔽前 2. 每批（次）锚杆、索施工前，施工单位报验，并经监理单位、甲方现场工程师验收、收方后签认隐蔽工程收方记录 3. 钻孔深度、锚杆、锚索长度标识清楚，其所在平面及坡面位置描述清楚，对与设计有较大出入的部位，应说明清楚
	基础平面布置图（孔桩或独基编号）	在基础施工前，为便于基础各阶段收方，做到不重不漏，通常在基础平面图上对整个基础的桩基和独立基础编号（根据需要），参建各方共同签字后，结合验槽及隐蔽工程，可作为结算资料归档
	孔口标高测量记录	1. 时间：孔桩完成第一节护壁 2. 施工单位、监理与建设单位现场工程师现场共同测量 3. 孔平面位置明确，孔径满足设计要求，测量参照点位置及高程清楚，经施工、监理、建设单位现场工程师共同签认后，作为结算资料归档
	孔桩见石深度收方记录	1. 时间：孔桩开挖初次或全部见岩 2. 施工单位通知监理及甲方工程师现场共同收方 3. 孔平面位置、见石深度数据清楚，签字齐备，归档作为结算资料
	孔桩全石深度收方记录	
	孔深收方记录	1. 时间：成孔到位，施工单位通知监理及甲方工程师现场共同收方 2. 成孔满足地勘及设计要求，孔平面位置、成孔深度数据清楚，验槽记录签字齐备，归档作为结算资料
	独立基础收方记录	1. 时间：独立基础基坑开挖到位 2. 满足设计及地勘要求，施工单位、监理、现场工程师现场共同收方，基坑平面位置、基底标高数据清楚，验槽记录签字齐备，归档作为结算资料
	厨房、卫生间防水隐蔽工程验收记录	厨房、卫生间、阳台、露台防水施工，在每道工序被隐蔽前，由施工单位按规定向监理报验并附隐蔽工程验收记录，经监理及甲方现场代表验收合格后交在验收记录上签字，以此作为已按设计要求完成该项隐蔽工程的依据，归档作为结算原始资料
	保温隔热屋面隐蔽工程验收记录	保温屋面及有保温要求的露台施工，在每道工序被隐蔽前，由施工单位按规定向监理报验并附隐蔽工程验收记录，经监理及甲方现场代表验收合格后交在验收记录上签字，以此作为已按设计要求完成该项隐蔽工程的依据，归档作为结算原始资料

类别	资 料 名 称	资料整理要求
隐蔽工程资料	水电管线隐蔽工程验收记录	结构或建筑装饰施工过程中，涉及管线的预留预埋，在管线被隐蔽前，施工单位按规定向监理单位报验并附管该项工程隐蔽图，经监理及甲方现场代表验收合格后并在隐蔽图上签字后方可进行隐蔽，完善签字手续的隐蔽图归档作为结算资料
	消防、通风、强电地下室穿墙套管隐蔽工程验收记录	结构施工中，穿剪力墙的消防、通风、强电管需要设置刚性套管时，由施工单位按规定向监理安装专业工程师报验并附套管隐蔽图，经监理及甲方现场工程师验收合格并在隐蔽图上签字方可进行隐蔽，完善签字手续后作为结算资料归档
	防雷接地隐蔽工程验收记录	楼层均压环，利用结构梁、柱、基础主筋作避雷引下线等，在该项工程隐蔽前，由施工单位按规定向监理安装专业工程师报验并附隐蔽图，经监理及甲方现场工程师验收合格并在隐蔽图上签字方可进行隐蔽，完善签字手续后作为结算资料归档
	人防门、防火卷帘预埋铁件及钢板隐蔽工程验收记录	人防地下室结构施工时，人防门框、防火卷帘门的铁件及钢板的预埋，由施工单位按规定向监理安装专业工程师报验并附预埋铁件及钢板隐蔽图，经监理及甲方现场专业工程师验收合格并在隐蔽图上签字方可进行隐蔽，完善签字手续后作为结算资料归档
	防爆地漏，强排管隐蔽工程验收记录	
技术联系单/设计修改通知单	技术联系单	由于图纸的错、缺、漏，导致无法进行施工，由施工单位提出，经监理、建设方现场代表签字，报设计单位进行完善后回复的技术联系单，监理、现场工程师及预算员阶段性对联系单完成情况进行对接
	设计修改通知单	由于建设单位更改建设标准、设计单位对已发出的图纸进行完善，由设计下发的设计修改通知单，监理、现场工程师及预算员阶段性对联系单完成情况进行对接
	图纸会审纪要	图纸会审纪要为参建各方施工前全面对图纸存在问题作一次大的梳理回复，一次性解决图纸中出现的大部分问题，经设计回复后的会审纪要，作为结算依据归档，监理、现场工程师及预算员阶段性对完成情况进行对接
签证单	工程签证单	因设计变更，施工工艺改变，合同外增加工程量及其他引起签证的，由施工单位上报签证单，签证单要求事实清楚，数据准确，签证费用构成合理，按程序经监理、建设单位现场代表及预算员共同签认后，归档作为结算依据

类别	资 料 名 称	资料整理要求
单项工程报价单	单项工程报价单	原合同或清单中没有、新增的单项工程，由施工单位上报单项工程价格报价单，并附详细的施工方案、单价构成、材质、材料规格及型号，经监理、建设方现场代表及预算员签认后，作为结算依据归档
乙供材料价格审批单	乙供材料价格审批单	根据合同约定，需要进行材料调差的工程，应按部位进行材料价格的认定，签认材料价格审定单，审定单材料名称，规格，型号，使用部位必须清楚，经甲方现场工程师、预算员及招标中心签认后，结算时作为材料调差的依据，若约定按实施期间造价信息调差的，现场工程师应作好施工日志，结合工序报验，作为调差的依据
甲供材料价格领用单	甲供材料价格领用单	部分由甲方统一采购供应的材料，货到现场，由施工单位、监理、建设单位共同验货收料，施工单位收料后在甲供材料领用单上签字，领用单上面必须注明清楚材料品牌、名称、规格、型号、数量、采购价格及使用部位。领用单作为结算依据进入结算
施工组织设计/施工方案	施组、施工方案	工程或专项工程施工前，施组（或方案）按程序报监理及建设单位审核，当方案引起造价变更时，需在施组及方案后附签证单
竣工图	基础竣工图	竣工图在原施工图上进行编制 1. 基础施工图根据各收方签证及隐蔽记录进行编制 2. 竣工图必须与图纸会审纪要，技术联系单及设计修改通知单对应，并在变更部位作附注：如见×××号通知单 3. 为确保计量的完整性，主体及装饰（分包）工程由主体单位统一绘制
	结构竣工图	
	建筑（含分项）工程竣工图	
	水电安装、消防、通风各专业工程竣工图	
工程实施情况说明	基础工程实施情况说明	工程阶段完工或竣工，监理及建设单位现场工程师程地质情况，签证情况，图纸修改情况，现场实施及图纸的符合性进行全面描述，作为结算的参考依据
	主体结构工程实施情况说明	
	建筑装饰工程实施情况说明	

注：1. 以上资料为常规结算所需资料，根据合同所采用的结算方式可作相应调整。
　　2. 编制本要求的目的是为了加强结算资料的过程控制。
　　3. 结算资料工程、监理、预算定期进行对接，每月不少于一次。

结 算 资 料 汇 总 表

序号	资 料 名 称	需要份数	备 注
1	工程结算通知书	1	由甲方项目部发出
2	工程结算工作交接单及附件、验收小组验收报告	1	附件表格统一由甲方项目部发给施工单位，按工程管理部要求报送
3	施工单位报来工程结算书及结算资料	2	按结算资料整理类别和要求报送，合同上特殊要求的需增加
4	建设单位审核结算书	3	
5	竣工结算造价协议书	3	
6	工程结算审批表	1	

工 程 实 施 情 况 说 明

工程名称：   编号：

建设单位		施工单位	
工程部位			

本工程实施情况如下：

1 施工区间

1.1 工程分段的执行时间，此项涉及材料调差，比如基础，地下室，主体结构，建筑装饰等实施时间。

1.2 设计修改做法后分段实施时间；

1.3 未分段工程填写本项工程实施区间。

2 设计图纸实施情况

2.1 图计中未实施的工程内容；

指设计图纸中有，但实际并未实施；比如现场口头指令取消，又未完善修改手续。

2.2 未按图纸要求实施的工程内容；

指图纸中已有明确做法，现场已实施但并未按设计要求实施，最终进入结算的。

2.3 图纸中设计或甲方取消的工程项目。

3 设计修改

3.1 对原设计进行修改；

仅指对工程造价影响大的，比如做法的改变，方案的改变，对工程造价影响。

预估大于 5 万元以上局部修改项目；

3.2 原设计图中没有，新增的工作内容。

4 签证

4.1 合同范围外指令工作内容；

4.2 现场因实施条件与合同或清单条件不符增加的费用；

4.3 由于施工方案变动导致增减的费用项目；

4.4 合同工作范围的增加。

5 其他注意事项

可能导致结算费用增减的注意事项。

编制：   审核：   日期：

注：1. 本表格由项目现场分管专业人员编制，负责人审核并签字，作为结算资料组成部分与结算资料一并提交。

2. 表格按上述所列项填写，若此项无相关内容，则填"无"。

3. 此表仅要求对情况给予准确描述，作为结算费用核算的依据。

结 算 资 料 审 核 单

工程名称：

审 查 内 容	是（√） 否（×）	备注
1. 根据结算资料整理要求，结算资料是否齐全		
2. 是否有技术、经济验收小组的验收报告		
3. 是否有结算通知书、结算工作交接单		
4. 是否有按工程管理部要求的一套验收移交表单		
5. 是否有保修书		
6. 竣工图是否按要求进行绘制，设计修改部分是否注明设计修改通知单号		
7. 是否有按合同及工程管理部规定要求的其他资料		
8. 建筑装饰做法改变的竣工图是否修改		
9. 设计修改减少的工作在竣工图上是否有体现		
10. 由其他施工单位施工的分包工程是否绘入竣工图，竣工图对工作范围是否有描述		
11. 隐蔽资料与收方资料核对是否有错误		
12. 工程实施情况说明是否将所要求的工作内容描述清楚		

审核人：

9. 外派结算审核单

外 派 结 算 审 核 单

工程名称：

审 查 内 容	是（√） 否（×）	备注
1. 是否按要求进行现场踏勘		
2. 是否有完整的计算过程		
3. 工作范围是否界定清楚		
4. 结算指标是否都在合理的范围		若指标不在合理范围，请事务所解释，并审核相应计算过程
5. 签证审核是否合理		
6. 甲供材料是否进行了结算		
7. 定额及清单套用是否合理		
8. 抽查工程量是否计算准确		备注抽查的部位及结果

审核人：

10. 结算复审审核单

结 算 复 审 审 核 单

工程名称：

审 查 内 容	是（√） 否（×）	备注
1. 专业工程师是否按要求审核结算资料		
2. 专业工程师是否按要求审核外派事务所结算初稿		
3. 专业工程师是否按要求审核外派事务所与施工单位核对完的结算报告		
4. 结算指标是否都在合理的范围		若指标不在合同范围，请专业工程师解释，并审核相应计算过程
5. 签证审核是否合理		
6. 甲供材料是否进行了结算		
7. 定额及清单套用是否合理		

审核人：

11. ××××集团有限公司工程结算审批表

××××集团有限公司工程结算审批表

合同编号：　　　　　　　　　　　　　　　　　　　　　　　　　结算书编号：

签约单位		合同名称	
合同总金额（元）		施工单位送审金额（元）	
经审核结算金额（元）		至上期累计已支付金额	
		结算应扣金额 （详见竣工结算协议书）	
		结算后留保修金 （结算金额的 5%）	
		本期实付金额 （详见竣工结算协议书）	
项目现场意见：		设计部意见：	
项目负责人意见：			
合约预算中心意见：			
工程验收小组意见：			
经济验收小组意见：			
总（副）总工程师意见：			
总会计师意见：			
项目分管副总意见：			
常务副总意见：			
总经理意见：			

注：本表后附竣工结算造价协议书及工程结算书。

第4章 工程竣工决算及其编制

4.1 工 程 竣 工 决 算

4.1.1 工程竣工验收

建设项目竣工验收是指由建设单位、施工单位和项目验收委员会，以项目批准的设计任务书和设计文件，以及国家或部门颁发的施工验收规范和质量检验标准为依据，按照一定的程序和手续，在项目建成并试生产合格后（工业生产性项目），对工程项目的总体进行检验和认证、综合评价和鉴定的活动。

建设项目竣工验收，按被验收的对象可分为：单位工程、单项工程验收（也称为交工验收）及工程整体验收（也称为动用验收）。通常所说的建设项目竣工验收，指的是动用验收，是指建设单位在建设项目按批准的设计文件所规定的内容全部建成后，向使用单位（国有资金建设的工程向国家）交工的过程。其验收程序是：

整个建设项目按设计要求全部建成，符合设计要求，并具备竣工图、竣工结算、竣工决算等必要的文件资料后，由建设项目主管部门或建设单位，及时向负责验收的单位提出竣工验收申请报告，按程序验收。

竣工验收的一般程序为：

（1）承包商申请交工验收。竣工验收一般为单项工程，但在某些特殊情况下也可以是单位工程的施工内容。单项工程验收又称交工验收。承包商在完成了合同工程或合同约定可分部移交工程的，可申请交工验收。

（2）监理工程师现场初验。施工单位通过竣工预验收，应向监理工程师提交验收申请报告，监理工程师审查后如认为可验收，则由监理工程师组成验收组，对竣工的工程项目进行初验。

（3）正式验收。由业主或监理工程师组织，由业主、监理单位、设计单位、施工单位、工程质量监督站等参加的正式验收。国家重点工程的大型建设项目，由国家有关部门邀请有关方面专家参加，组成工程验收委员会，进行验收。

1）发出竣工验收通知书。

2）组织验收工作。

3）签发《竣工验收证明书》并办理移交。在建设单位验收完毕并确认工程符合要求以后，向施工单位签发《竣工验收证明书》。

4）进行工程质量评定。验收委员会或验收组，在确认工程符合竣工标准和合同条款规定后，签发竣工验收合格证书。

5）整理各种技术文件材料，办理工程档案资料移交。在进行竣工验收时，由建设单位将所有技术文件进行系统整理并分类立卷，交生产单位统一保管，以适应生产、维修的需要。

6）办理固定资产移交手续。工程检查验收完毕后，施工单位要向建设单位逐项办理工程移交和其他固定资产移交手续，加强固定资产的管理，并应签发交接验收证书，办理工程结算手续。

7）办理工程决算。整个项目完工验收后，并且办理了工程结算手续，要由建设单位编制工程决算，上报有关部门。

8）签署竣工验收鉴定书。竣工验收鉴定书是表示建设项目已经竣工，并交付使用的重要文件，是全部固定资产交付使用和建设项目正式动用的依据，也是承包商对建设项目消除法律责任的证件。竣工验收鉴定书一般包括工程名称、地点、验收委员会成员、工程总说明、工程据以修建的设计文件、竣工工程是否与设计相符合、全部工程质量鉴定、总的预算造价和实际造价、结论、验收委员会对工程动用时的意见和要求等主要内容。

4.1.2　竣工决算的概念

建设工程竣工决算是指在竣工验收交付使用阶段，由建设单位编制的建设项目从筹建到竣工投产或使用全过程的全部实际支出费用的经济文件。它也是建设单位反映建设项目实际造价和投资效果的文件，是竣工验收报告的重要组成部分。

根据建设项目规模的大小，可分为大、中型建设项目竣工决算和小型建设项目竣工决算两大类。

竣工决算由建设单位财务及有关部门，以及竣工结算等资料为基础，编制的反映建设项目实际造价和投资效果的文件。

竣工决算是竣工验收报告的重要组成部分，它包括建设项目从筹建到竣工投产全过程的全部实际支出费用。

即建筑安装工程费、设备工器具购置费、预备费、工程建设其他费用和投资方向调节税支出费用等。

它是考核建设成本的重要依据。对于总结分析建设过程的经验教训，提高工程造价管理水平，积累技术经济资料，为有关部门制订类似工程的建设计划和修订概预算定额指标提供资料和经验，都具有重要的意义。

4.1.3　工程竣工决算相关术语

1. 工程竣工决算

工程竣工决算是以实物数量和货币指标为计量单位，综合反映竣工建设项目全部建设费用、建设成果和财务状况的总结性文件。

2. 其他投资支出

建设单位按建设项目概算内容发生的构成基本建设实际支出的房屋购置和基本畜禽、林木等购置、饲养、培育支出以及取得各种无形资产和递延资产发生的支出。

3. 待核销投资支出

非经营性建设项目发生的江河清障、航道清淤、飞播造林、补助群众造林、退耕还林

（革）、封山（沙）育林（草）、水土保持、城市绿化、取消建设项目可行性研究费、建设项目报废及其他经财政部门认可的不能形成资产部分的投资，作待核销投资处理。

4. 转出投资支出

非经营性建设项目为建设项目配套的专用设施投资，包括专用道路、专用通信设施、送变电站、地下管道等，产权不归属本单位的，作转出投资处理。

5. 建设单位管理费

建设单位从建设项目筹建之日起至办理工程竣工决算之日止发生的管理性质的开支。

6. 基建收入

在基本建设过程中形成的各项工程建设副产品变价净收入、负荷试车和试运行收入以及其他收入。

7. 报废工程

由于自然灾害等原因造成的单项工程或单位工程报废或毁损，减去残料价值和过失人或保险公司等赔款后的净损失，报经批准后可计入工程成本。

8. 尾工工程

建设项目在进行工程竣工决算时，尚未完工的概算内工程或尚未购置的概算内设备，其投资支出可依据合同或概算金额进行预计。

9. 交付资产

建设单位按照概算批复内容已经完成购置、建造过程，并已交付或转给使用单位的各项资产。包括建筑工程和设备等固定资产、工具和器具及家具等流动资产、无形资产、递延资产等。

10. 结余资金

反映建设项目结余的资金，是建设项目到位资金与项目所有投资支出（包括尾工工程投资支出）的差额。

4.1.4　竣工决算的分类

竣工决算又称竣工成本决算，包括施工单位工程竣工决算和建设单位项目竣工决算。

1. 施工单位工程竣工决算

施工单位工程竣工决算是施工单位内部竣工的单位工程进行实际成本分析，反映其经济效果的一项决算工作。它是以单位工程的竣工结算为依据，编制单位工程竣工成本决算表，以总结经验教训，提高企业经营管理水平。

2. 建设单位项目竣工决算

建设单位项目竣工决算是基本建设经济效果的全面反映，是核定新增固定资产和流动资产价值，办理其交付使用的依据。通过竣工决算及时办理移交，不仅能正确反映基本建设项目实际造价和投资效果，而且对投入生产或使用后的经营管理也有重要作用。通过竣工决算与概算、预算的对比分析，考核建设成本，总结经验，积累技术经济资料，提高投资效果。

4.1.5　工程竣工决算的主要内容

（1）工程竣工财务决算说明书。

1）建设项目概况。

2）会计财务处理、财产物资情况及债权债务的清偿情况。

3）资金节余、基建结余资金等的上交分配情况。

4）主要技术经济指标的分析、计算情况。

5）基本建设项目管理及决算中的主要问题、经验及建议。

6）需要说明的其他事项。

（2）工程竣工财务决算报表。根据国家财政部有关文件规定，建设项目竣工财务决算报表按大、中型建设项目和小型建设项目分别制定。

1）大、中型建设项目竣工财务决算报表。包括：①建设项目竣工财务决算审批表；②大、中型建设项目概况表；③大、中型建设项目竣工财务决算表；④大、中型建设项目交付使用资产总表；⑤建设项目交付使用资产明细表。

2）小型建设项目财务决算报表。包括：①建设项目竣工财务决算审批表；②小型建设项目竣工财务决算总表；③建设项目交付使用资产明细表。

（3）竣工图。建设工程竣工图是真实地记录各种地上地下建筑物、构筑物等情况的技术文件，是工程进行交工验收、维护改建和扩建的依据，是国家的重要技术档案。

国家规定：各项新建、扩建、改建的基本建设工程，特别是基础、地下建筑、管线、结构、井巷、桥梁、隧道、港口、水坝以及设备安装等隐蔽部位，都要编制竣工图。

为确保竣工图质量，必须在施工过程中（不能在竣工后）及时做好隐蔽工程检查记录，整理好设计变更文件。其具体要求是。

1）凡按施工图施工没有任何变动的，由施工企业在原施工图上加盖"竣工图"标志后，即作为竣工图。

2）凡在施工过程中变动不大的，由施工企业在原施工图（必须是新蓝图）上注明修改的部分，并附设计变更通知单和施工说明，加盖"竣工图"标志后，作为竣工图。

3）凡在施工过程中变动较大，且不宜在原施工图上修改补充者，应重新绘制改变后的竣工图，并附有关记录和说明，加盖"竣工图"标志，作为竣工图。

4）为了满足竣工验收和竣工决算需要，还应绘制能反映竣工工程全部内容的工程设计平面示意图。

（4）经批准的概、预算是考核实际建设工程造价的依据，将竣工决算报表中所提供的实际数据和相关资料与之对比，分析竣工项目总造价和单方造价是节约还是超支。

1）在此基础上，总结经验教训，找出原因，以利改进。

2）在考核概、预算执行情况时，财务部门应积累概、预算动态变化资料：

①设备材料价差。

②人工价差。

③费率价差。

④设计变更资料。正确核实建设工程造价。

3）应考查竣工工程实际造价节约或超支的数额。为了便于进行比较分析，可按以下步骤进行：

对比整个项目的总概算→对比单项工程的综合概算→对比其他工程费用概算→对比分析单位工程概算。

4）分别将建筑安装工程费、设备工器具费和其他工程费用逐一与竣工决算的实际工程造价对比分析，找出节约和超支的具体内容和原因。在实际工作中，侧重分析以下内容。

（5）竣工决算具体核算对象。

1）主要实物工程量。

主要实物工程量的增减，必然使竣工决算造价随之增减。

要认真对比分析和审查建设项目的建设规模、结构、标准、工程范围等，是否遵循批准的设计文件规定。其中有关变更是否按照规定的程序办理，它们对造价的影响如何。对实物工程量出入较大的项目，还必须查明原因。

2）主要材料消耗量。

在建筑安装工程投资中，材料费一般占直接工程费的70%以上。因此，考核分析材料消耗量是重点。依据竣工决算表中所列三大材料实际超概算的消耗量，查清哪一环节超出量最大，并查明超额消耗的原因。

3）建设单位管理费、建筑安装工程措施费和间接费等。

对比竣工决算报表和批准的概、预算中所列的建设单位管理费，确定节约或超支数额，并查明原因。

建筑安装工程措施费和间接费等费用的取费标准，均有统一规定。要按照有关规定，查明是否多列或少列取费项目，有无重计、漏计和多计的现象，分析增减的原因。

4.1.6　工程竣工决算的计算方法

1. 固定资产价值的确定

固定资产价值的确定见表4-1。

表4-1　　　　　　　　　　固定资产价值的确定

内　容	计 算 方 法	
房屋、建筑物、管道、线路等固定资产	成本包括建筑工程成本和应分摊的待摊投资	建设单位管理费按建筑工程、安装工程、需安装设备价值总额按比例分摊，而土地征用费、勘察设计费等费用则按建筑工程造价分摊
动力设备和生产设备等固定资产	成本包括需要安装设备的采购成本、安装工程成本、设备基础支柱等建筑工程成本或砌筑锅炉及各种特殊炉的建筑工程成本、应分摊的待摊投资	
运输设备及其他不需要安装的设备、工具、器具、家具等固定资产	仅计算采购成本，不计分摊的"待摊投资"	

2. 无形资产价值的确定

无形资产价值的确定见表 4-2。

表 4-2　　　　　　　　　　　无形资产价值的确定

内容	计 算 方 法
专利权	自创专利权的价值为开发过程中的实际支出
非专利技术	自创的非专利技术，一般不作为无形资产入账，外购非专利技术由法定评估机构确认后再进行估价
商标权	自创商标权一般不作为无形资产入账，购入或转让商标根据被许可方新增的收益确定
土地使用权	当建设单位向土地管理部门申请土地使用权并为之支付一笔出让金时，土地使用权作为无形资产核算；当建设单位获得土地使用权是通过行政划拨的，这时土地使用权就不能作为无形资产核算；在将土地使用权有偿转让、出租、抵押、作价入股和投资，按规定补交土地出让价款时，才作为无形资产核算

3. 流动资产价值的确定

流动资产价值的确定见表 4-3。

表 4-3　　　　　　　　　　　流动资产价值的确定

内容	计 算 方 法
货币性资金	根据实际入账价值核定
应收及预付款项	按企业销售商品、产品或提供劳务时的成交金额入账
短期投资	采用市场法和收益法确定其价值
存货	外购存货按照买价加运输费、装卸费、保险费、途中合理损耗、入库前加工、整理及挑选费用以及交纳的税金等计价；自制的存货，按照制造过程中的各项实际支出计价

4. 递延资产和其他资产价值的确定

递延资产和其他资产价值的确定见表 4-4。

表 4-4　　　　　　　　　递延资产和其他资产价值的确定

资产类型	内　　容	计 算 方 法
递延资产	开办费	按账面价值确定
	以经营租赁方式租入的固定资产改良工程支出	在租赁有限期内摊入制造费用或管理费用
其他资产	特准储备物资	按实际入账价值核算

【例 4-1】　　某建设项目在建设期内完成建筑工程 600 万元，安装工程 100 万元，需安装设备 360 万元，不需要安装的设备 72 万元，生产工器具 32 万元，其中 10 万元达到固定资产标准。工程建设其他投资完成情况如下：建设单位管理费 40 万元，土地征用费 120 万元，勘察设计费 34 万元，专利费 10 万元，生产职工培训费 5 万元，非常损失 2 万元，库存设备 18 万元，库存材料 15 万元，债权总额 5 万元。

问题：

（1）确定该建设项目新增固定资产、流动资产、无形资产和递延资产价值。

（2）该建设项目包括生产车间及辅助生产车间两个单项工程，根据表4-5数据确定两车间新增固定资产价值。

表4-5　　　　　　　　　　　　　　建 设 项 目 数 据

项目	建筑工程	安装工程	需安装设备	不需安装设备	达到固定资产标准的生产工器具
生产车间	320	80	300	10	8
辅助生产车间	280	20	60	62	2
合计	600	100	360	72	10

解　（1）新增固定资产＝600＋100＋360＋72＋10＋40＋120＋34＝1336（万元）

新增流动资产＝32－10＝22（万元）

新增无形资产＝10（万元）

新增递延资产＝5＋2＝7（万元）

（2）新增固定资产价值：

1）建设单位管理费分摊。

生产车间分摊额＝（320＋80＋300）/（600＋100＋360）×40＝26.42（万元）

辅助生产车间分摊额＝40－26.42＝13.58（万元）

2）土地征用费和勘察设计费分摊。

生产车间分摊额＝320/600×（120＋34）＝82.13（万元）

辅助生产车间分摊额＝154－82.13＝71.87（万元）

3）生产车间新增固定资产价值＝320＋80＋300＋10＋8＋26.42＋82.13＝826.55（万元）

辅助生产车间新增固定资产价值＝280＋20＋60＋60＋2＋13.58＋71.87＝507.45（万元）

5. 新增资产价值的确定

工程项目竣工投入运营后，所花费的总投资应按会计制度和有关税法的规定，形成相应的资产。这些新增资产分为固定资产、无形资产、流动资产和其他资产四类。资产的性质不同，其核算的方法也不同。

（1）新增固定资产。固定资产是指使用期限超过一年，单位价值在1000元、1500元或2000元以上，并且在使用过程中保持原有实物形态的资产，包括房屋、建筑物、机械、运输工具等。不同时具备以上两个条件的资产为低值易耗品，应列入流动资产范围内，如企业自身使用的工具、器具、家具等。

1）确定新增固定资产价值的作用。如实反映企业固定资产价值的增减变化，保证核算的统一性；真实反映企业固定资产的占用额；正确计提企业固定资产折旧；反映一定范围内固定资产再生产的规模与速度；分析国民经济各部门的技术构成变化及相互间适应的情况。

2) 新增固定资产价值的构成。第一部分工程费用,包括设备及工器具费用、建筑工程费、安装工程费;固定资产其他费用,主要有建设单位管理费、勘察设计费、研究试验费、工程监理费、工程保险费、联合试运转费、办公和生活家具购置费及引进技术和进口设备的其他费用等;预备费;融资费用,包括建设期利息及其他融资费用。

3) 新增固定资产价值的计算。新增固定资产价值的计算是以独立发挥生产能力的单项工程为对象的,当单项工程建成经有关部门验收鉴定合格,正式移交生产或使用,即应计算新增固定资产价值。一次交付生产或使用的工程一次计算新增固定资产价值;分期分批交付生产或使用的工程,应分期分批计算新增固定资产价值。

在计算时应注意以下几种情况。

①对于为了提高产品质量、改善劳动条件、节约材料消耗、保护环境而建设的附属辅助工程,只要全部建成,正式验收交付使用后就要计入新增固定资产价值。

②对于单项工程中不构成生产系统,但能独立发挥效益的非生产性项目,如住宅、食堂、医务所、托儿所、生活服务网点等,在建成并交付使用后,也要计算新增固定资产价值。

③凡购置达到固定资产标准不需安装的设备、工具、器具,应在交付使用后计入新增固定资产价值。

④属于新增固定资产价值的其他投资,应随同受益工程交付使用的同时一并计入。

⑤交付使用财产的成本,应按下列内容计算:

房屋、建筑物、管道、线路等固定资产的成本包括建筑工程成本和应分摊的待摊投资;

动力设备和生产设备等固定资产的成本包括需要安装设备的采购成本、安装工程成本、设备基础支柱等建筑工程成本或砌筑锅炉及各种特殊炉的建筑工程成本、应分摊的待摊投资;

运输设备及其他不需要安装的设备、工具、器具、家具等固定资产一般仅计算采购成本,不计分摊的"待摊投资";

⑥共同费用的分摊方法。新增固定资产的其他费用,如果是属于整个建设项目或两个以上单项工程的,在计算新增固定资产价值时,应在各单项工程中按比例分摊。分摊时,什么费用应由什么工程负担应按具体规定进行。一般情况下,建设单位管理费按建筑工程、安装工程、需安装设备价值总额按比例分摊,而土地征用费、勘察设计费等费用则按建筑工程造价分摊。

【例 4 - 2】　某工业建设项目及其总装车间的建筑工程费、安装工程费、需安装设备费以及应摊入费用见表 4 - 6。计算总装车间应分摊费用及其新增固定资产价值。

表 4 - 6　　　　　　　　　　　　　　　分 摊 费 用 表　　　　　　　　　　　　　万元

决算项目 ＼ 决算内容	建筑工程	安装工程	需安装设备	建设单位管理费	土地征用费	勘察设计费
建设项目竣工决算	2000	800	1200	60	120	40
总装车间竣工决算	400	200	400	—	—	—

（2）新增无形资产。无形资产是指特定主体所控制的，不具有实物形态，对生产经营长期发挥作用且能带来经济利益的资源。主要有专利权、商标权、专有技术、著作权、土地使用权、商誉等。

新增无形资产的计价原则如下。

1）投资者将无形资产作为资本金或者合作条件投入的，按照评估确认或合同协议约定的金额计价。

2）购入的无形资产，按照实际支付的价款计价。

3）企业自创并依法确认的无形资产，按开发过程中的实际支出计价。

4）企业接受捐赠的无形资产，按照发票凭证所载金额或者同类无形资产市场价作价。

（3）新增流动资产。流动资产是指可以在一年或者超过一年的营业周期内变现或者耗用的资产。它是企业资产的重要组成部分。流动资产按资产的占用形态可分为现金、存货（指企业的库存材料、在产品、产成品、商品等）、银行存款、短期投资、应收账款及预付账款。

依据投资概算核拨的项目铺底流动资金，由建设单位直接移交使用单位。

（4）新增其他资产。其他资产，是指除固定资产、无形资产、流动资产以外的资产。形成其他资产原值的费用主要是生产准备费（含职工提前进厂费和培训费）、样品样机购置费和农业开荒费等。

4.1.7　竣工决算的作用

（1）全面反映竣工项目的实际建设情况和财务情况。竣工决算反映了竣工项目的实际建设规模、建设时间和建设成本，以及办理验收交接时的全部财务情况。

（2）有利于节约基建投资。及时编制竣工决算，并据此办理新增固定资产移交转账手续，可缩短工程建设周期，节约基建投资。

对已完成并具备交付使用条件或已验收并投产使用的工程项目，如不及时办理移交手续，不仅不能提取固定资产折旧，而且所发生的维修费、更新费及其他费用，都要继续在基建投资中开支。这样既增加了基建投资，也不利于企业生产管理。

（3）有利于经济核算。对于已完验收的工程项目，及时编制竣工决算，办理移交手续，可使建设单位对各类固定资产做到心中有数。建设单位也能正确地计算已投入使用的固定资产折旧费，合理计算生产成本和利润，有利于经济核算。

（4）考核设计概算的执行情况，提高管理水平。正确编制竣工决算，有利于进行"三算"对比。即设计概算、施工图预算和竣工决算的对比。通过对比分析，考核设计概算的执行情况，积累各种技术经济资料，总结经验教训，为今后修订概算定额、改进设计、推广先进技术、降低建设成本、提高管理水平和投资效果，提供了参考资料。

（5）为加强建设工程的投资管理提供依据。建设单位项目竣工决算全面反映出建设项目从筹建到竣工投产或交付使用的全过程中各项费用实际发生数额和投资计划的执行情况，通过竣工决算的各项费用数额与设计概算中的相应费用指标对比，得出节约或超支的情况，分析原因，总结经验和教训，加强投资的计划管理，提高建设工程的投资效果。

（6）为设计概算、施工图预算和竣工决算（简称"三算"）对比提供依据。

（7）为竣工验收提供依据。在竣工验收之前，建设单位向主管部门提出验收报告，其中主要组成部分是建设单位编制的竣工决算文件。并以此作为验收的主要依据，审查竣工决算文件中有关内容和指示，为建设项目验收结果提供依据。

（8）为确定建设单位新增固定资产价值提供依据。在竣工决算中，详细地计算了建设项目所有的建筑工程费、安装工程费、设备费和其他费用等新增固定资产总额及流动资金，可作为建设主管部门向企事业使用单位移交财产的依据。

4.2　工程竣工决算的编制

4.2.1　工程竣工决算编制的一般原则

（1）工程竣工决算的编制是建设单位的责任。工程造价咨询企业的责任是受建设单位委托，代建设单位编制工程竣工决算。建设单位对其提供工程竣工决算资料的真实性、完整性、合法性负责。

（2）从事建设项目工程竣工决算编制的工程造价咨询企业必须与委托人签订书面委托合同。合同中宜明确委托标的、时限、内容、范围、双方的权利义务、责任、成果文件表现形式、违约责任、相关费用承担方等条款要求。

（3）大型或复杂的建设项目，在委托多个单位共同承担建设项目工程竣工决算编制时，委托单位应指定主承担单位，由主承担单位负责具体业务的总体规划、各阶段部署、资料汇总等综合性工作，其他单位负责其所承担的业务。

（4）工程造价咨询企业应按照有关规定，制订具体可行的工程竣工决算编制方案，以规范工程竣工决算编制工作。

（5）建设周期长、建设内容多的建设项目，单项工程竣工，具备交付使用条件的，可编制单项工程竣工决算。

（6）工程造价咨询企业应与建设单位在委托协议中约定编制工作的完成时间。

（7）工程造价咨询企业应依据编制时间要求、建设项目规模及复杂程度制订具体实施计划，安排具有专业胜任能力的编制人员。在安排编制人员时，应充分考虑建设单位的实际情况，必要时聘请专家完成相关工作。

（8）注册造价工程师应当遵守职业道德规范，保持专业胜任能力和应有的关注。严禁提供虚假工程竣工决算编制报告。

（9）工程造价咨询企业及相关编制人员应廉洁自律，不与建设单位发生委托协议外的任何经济往来，并对执业过程中获知的信息保密。

（10）工程造价咨询企业代建设单位编制工程竣工决算时，应充分与建设单位进行沟通协商，其成果文件应得到委托人的认可，相关工作底稿可向建设单位提供。

（11）工程竣工决算的编制应以权责发生制为基础，已经发生或应当负担的费用，不论款项是否支付，均应列入该项目的工程支出。

4.2.2　工程竣工决算编制成果文件的组成

（1）工程竣工决算编制成果文件宜根据建设项目的实际情况，以单项工程或建设项目为对象进行编制，包括咨询报告、基本建设项目竣工决算报表及附表、工程竣工决算说明书、相关附件等。

（2）建设项目工程竣工决算编制咨询报告包括以下主要内容。

1）报告名称。

2）引言段。

3）基本情况。

4）编制范围。

5）编制原则及方法。

6）建设资金情况。

7）项目投资支出情况。

8）交付使用资产及结余资金情况。

9）尾工情况。

10）存在问题与建议。

11）重大事项说明。

12）报告声明。

13）签署页。

（3）基本建设项目竣工决算报表及附表包括以下内容。

1）封面。

2）基本建设项目概况表（建竣决 01 表）。

3）基本建设项目竣工财务决算表（建竣决 02 表）。

4）基本建设项目交付使用资产总表（建竣决 03 表）。

5）基本建设项目交付使用资产明细表（建竣决 04 表）。

6）应付款明细表（建竣决 05 表）。

7）基本建设工程决算审核情况汇总表（建竣决 06 表）。

8）待摊投资明细表（建竣决 07 表）。

9）待摊投资分配明细表（建竣决 08 表）。

10）转出投资明细表（建竣决 09 表）。

11）待核销基建支出明细表（建竣决 10 表）。

（4）工程竣工财务决算说明书主要包括以下内容。

1）基本建设项目概况。

2）会计账务处理、财产物资清理及债权债务的清偿情况。

3）基本建设支出预算、投资计划和资金到位情况。

4）基建结余资金形成及分配情况。

5）概算、项目预算执行情况及分析。

6）尾工及预留费用情况。

7）历次审查、核查、稽察及整改情况。

8）主要技术经济指标的分析、计算情况。

9）基本建设项目管理经验、问题和建议，预备费动用情况。

10）招投标情况、政府采购情况、合同（协议）履行情况。

11）征地拆迁补偿情况、移民安置情况。

12）需说明的其他事项。

13）编表说明。

（5）相关附件包括建设项目立项、可行性研究报告及初步设计的批复文件、建设项目历年投资计划及中央财政预算文件、决（结）算审计或审查报告、其他与项目决算相关的资料。

（6）对有特殊要求的行业，除编制上述报告内容外，还应按照相应行业工程竣工决算报告格式编制行业工程竣工决算报告。

4.2.3　编制依据

（1）工程竣工决算的编制依据包括以下几个方面。

1）财政部《基本建设财务管理规定》（财建〔2002〕394 号）、《财政部关于解释（基本建设财务管理规定）执行中有关问题的通知》（财建〔2003〕724 号）、《财政部关于进一步加强中央基本建设项目竣工财务决算工作的通知》（财办建〔2008〕91 号）等相关法律法规及制度。

2）经批准的可行性研究报告、初步设计、概算及调整文件，相关部门的批复文件。

3）主管部门下达的年度投资计划、各年度基本建设支出预算。

4）经批复的年度财务决算。

5）会计核算及财务管理资料。

6）相关合同（协议）、工程结算等有关资料。

7）建设单位管理费支出明细表，购置固定资产明细表。

8）尾工工程方案及工程数量、预留费用、预计完成时间等（附费用清单）。

9）政府有关土地、青苗等补偿及安置补偿标准或文件。

10）征地批复（国有土地使用证）、建设工程规划许可证、建设用地规划许可证、建设工程开工证、竣工验收单或验收报告，质量鉴定、检验等有关文件。

11）其他有关资料等。

（2）编制工程竣工决算的概算金额，如有主管机关最终批复的，应以批复的概算金额为准。

（3）编制工程竣工决算的实际支出，应以会计账面金额为基础，以合同金额、结算金额为依据。

4.2.4　编制要求

（1）必须按照财政部规定的内容和格式填制工程竣工决算报表，概算明细项目名称及金额应按照批准的可行性研究报告、设计概算等文件进行填写。

（2）确定建设项目各项投资实际支出的标准。

1）总价合同、固定金额合同，未发生合同内容变更的实际支出应以合同价为准，发生合同内容变更的实际支出应以结算价为准。

2）单价合同、成本加酬金合同或费率合同的实际支出应以结算价为准。

3）零星采购的材料、设备和零星费用应以账面金额为准。

（3）编制工程竣工决算应具备下列条件。

1）经批准的初步设计所确定的内容已完成。

2）工程结算已完成。

3）尾工工程不超过规定的比例（总概算的 5%）。

4）涉及法律诉讼、工程质量、移民安置的事项已处理完毕。

5）其他影响工程竣工决算编制的重大问题已解决。

（4）编制工程竣工决算的基本要求：数字准确，内容完整，数据勾稽关系正确，附表及附件齐全。

（5）需分摊的设备安装支出和待摊投资支出，应按"最大合理"、"谁受益、谁承担"的原则分摊。

（6）确认交付固定资产应以可分离性、功能性、宜管理性为原则，同时力求与最终初步设计（或可行性研究报告）及批复一致。

（7）在确定交付资产时，应充分考虑行业及企业的固定资产目录。

4.2.5 编制程序

编制程序分为前期准备、实施、完成和资料归档四个阶段。

（1）前期准备阶段主要程序如下。

1）了解编制工程竣工决算建设项目的基本情况，收集和整理基本的编制资料。

2）确定项目负责人，配置相应的编制人员。

3）制订切实可行、符合建设项目情况的编制计划。

4）由项目负责人对成员进行培训。

（2）实施阶段主要程序如下。

1）收集完整的编制依据资料。

2）协助建设单位做好各项清理工作。

3）编制完成规范的工作底稿。

4）对过程中发现的问题应与建设单位进行充分沟通，达成一致意见。

5）与建设单位相关部门一起做好实际支出与批复概算的对比分析工作。

（3）完成阶段主要程序如下。

1）完成工程竣工决算编制咨询报告、基本建设项目竣工决算报表及附表、工程竣工决算说明书、相关附件等。

2）与建设单位沟通工程竣工决算的所有事项。

3）经工程造价咨询企业内部复核后，出具正式工程竣工决算编制成果文件。

（4）资料归档阶段主要程序如下。

1）工程竣工决算编制过程中形成的工作底稿应进行分类整理，与工程竣工决算编制成果文件一并形成归档纸质资料。

2）对工作底稿、编制数据、工程竣工决算报告进行电子化处理，形成电子档案。

4.2.6　编制方法

（1）了解建设单位会计核算的会计政策，熟悉建设单位会计核算方法，核实建设项目各项投资支出的账面金额。

（2）依据建设项目各项投资支出的合同或结算金额、各项投资支出的账面金额、资产清理情况来确定各项投资支出。同时提请建设单位财务部门依据确定的各项投资支出金额进行相关账务处理，使账面金额与确定的各项投资支出一致。

（3）实际完成支出与概算的差异，注册造价师应对其形成的原因进行分析，依据初步设计概算明细和工程结算资料，对单价变化的差异、工程量变化的差异、设计变更的差异等进行分析，形成相关意见，并与建设单位进行沟通。

（4）若存在尾工工程和尚需发生的费用，应估算其相关费用。

1）尾工工程。已经签订合同的可按合同金额确认，未签订合同的可按批复的概算金额确认。

2）尚需发生的费用。已经签订合同的可按合同金额确认，未签订合同的可按相关费用标准确认。

（5）依据批复概算及投资规模、投资计划或年度预算、资金到位凭证、建设项目资本金验资报告、贷款协议等，核实资金来源及到位情况。

（6）计算基建结余资金：

结余资金＝基建拨款＋项目资本＋项目资本公积＋基建投资借款＋企业债券资金＋待
　　　　　冲基建支出－基本建设支出

（7）依据合同中的资产明细表、发票或附属于发票的资产清单、工程结算资料中公用设备清单，确定交付资产的名称、规格型号、数量、购置金额等内容。

1）如果多种资产合并购置，没有资产明细价格的，可要求供货方提供相关资产明细价格，也可按照概算金额对合同总价进行分摊。具体计算公式为。

$$D_z = HT_z \times F_s$$
$$F_s = G_z / GS_h \times 100\%$$

式中　D_z——某资产应分摊的投资金额；

$\quad HT_z$——合同实际总金额；

$\quad F_s$——概算分配率；

$\quad G_z$——某资产的概算投资金额；

$\quad GS_h$——合同所有资产概算投资金额之和。

2）合同金额中除资产价值外的安装材料、安装费用及培训费等，可依据从属关系，直接计入相关资产的价值。如果不能区分从属关系的，可按照各项资产合同金额的比例，分摊计入相关资产的价值。具体计算公式为。

$$DF_z = FAP_z \times F_s$$
$$F_s = H_z / HT_z \times 100\%$$

式中　DF_z——某资产应分摊的安装及培训金额；

$\quad FAP_z$——合同安装及培训实际金额；

F_s——分配率；

H_z——某资产的合同金额；

HT_z——合同所有资产金额之和（除安装及培训金额之外的合同金额）。

3）外币合同应依据国外手签收据、报关单、银行售汇水单来确定合同的人民币金额。

4）资产价值应含合同价值以外的运杂费、保险费、仓储费、保管费等费用。

5）进口资产价值除含上述费用外，还应包含进口代理费、报关费、进口关税、进口增值税、换汇手续费等相关费用。

（8）依据相关明细资料，现场盘点及观察资料，与相关人员讨论确定最终的资产明细结果。

（9）按照行业及企业固定资产目录、固定资产标准、无形资产和递延资产的定义，正确进行资产划分。

1）不符合固定资产标准的办公和生产家具、工器具等不得列为固定资产。

2）未随设备一起购置（单独购置）的软件、专利技术、专有技术等无形资产不应列为固定资产。

（10）依据安装工程结算资料，确定安装费用支出，包括设备基础费用、安装装配费用、安装装设工程费用、附设管线敷设工程费用、防腐绝缘保温费用、无负荷安装调试费等。

（11）安装费用支出应分摊计入交付资产的安装费中。

1）直接与单项交付资产相关的安装费用，应直接计入交付资产的安装费。

2）与多项交付资产相关的安装费用，应按照多项交付资产的价值比例分摊计入交付资产的安装费。

3）金额较小且与建筑工程紧密相关的设备安装费用支出，或与建筑工程紧密相关无法准确把设备安装费用支出单独划分出来的，依据"重要性原则"可不确认相关设备的安装费。

4）与建筑工程紧密相关，确定设备安装费用支出需要很高成本的，依据"成本效益原则"可不再确认相关设备的安装费。

（12）待摊投资的分摊对象应包括以下内容。

1）房屋、建筑物。

2）水、电、暖、气、电梯等建筑公用设备。

3）需要安装的工艺通用设备。

4）其他分摊对象。

（13）合理确定应分摊的待摊投资额。应分摊的待摊投资额需扣除。

1）应计入固定资产和流动资产的车辆购置费、办公与生活家具购置费、工器具购置费等。

2）应计入无形资产的技术引进费、经营单位的土地成本等。

3）应计入递延资产——开办费的生产职工培训及提前进厂费。

4）应计入资产和转出投资的其他费用。

（14）待摊投资应由受益的各项交付使用资产共同负担，宜按照建筑资产、需安装设备等需要分摊待摊费用的资产的实际价值（含安装费）进行分配。能够确定由某项资产负担的待摊投资，应直接计入该资产成本；不能确定负担对象的待摊投资，应分摊计入受益的各项资产成本。

（15）待摊费用宜采用一次分配和二次分配的方法进行分配。

（16）一次分配法是不加区分地把待摊投资均匀地分配到各项分摊对象上，适用于以下项目。

1）待摊费用金额较小的建设项目。

2）建设项目中无征地费用且无建筑资产的建设项目。

3）无征地费用且建筑资产金额较小的建设项目。

（17）二次分配法是首先把与部分交付资产相关的待摊费用进行第一次分配，而后把与所有分配对象相关的建设单位管理费、贷款利息、前期费用等进行第二次分配。

（18）待摊投资应根据建设项目特点采用合理的方法进行分摊。

1）按实际比例分摊：

$$D_f = dX_s \times F_s$$
$$F_s = D_s / DX_s \times 100\%$$

式中　　D_f——某资产应分摊的待摊投资；

　　dX_s——需分摊的待摊投资；

　　F_s——实际分配率；

　　D_s——某资产的实际价值（含安装费）；

　　DX_s——所有分摊对象的实际价值（含安装费）。

2）按概算比例分摊：

$$D_f = dX_s \times F_y$$
$$F_y = D_y / DX_y \times 100\%$$

式中　　F_y——预定分配率；

　　D_y——某资产的概算价值（含安装费）；

　　DX_y——所有分摊对象的概算价值（含安装费）。

（19）如有特殊情况可采用其他合理的分摊方法。

（20）在确定交付资产时，应关注如下事项。

1）不得把应直接交付使用的工艺管道工程和厂区输配电电缆工程作为安装费分摊到设备资产中。

2）严禁将多项室外工程作为整项交付资产，应按照具体工程的名称（如道路、围墙大门、挡土墙、停车场及各种管线工程）、建筑和结构特征、面积等确认多项交付资产。

3）建筑工程投资支出中的公用设备应作为设备交付。严禁将多项公用设备作为整项交付资产，应按照具体设备名称（如电梯、空调、采暖通风设备、变压器和高低压配电柜等）、规格型号和数量等确认多项交付资产。

4）安装工程支出（含设备基础工程）应按照合理方法分摊到交付设备资产价值中，而不应单独作为建筑资产交付。

5）待摊投资和其他投资中能够形成资产的部分，应作为资产交付。

建设单位管理费中办公设备、其他投资中的车辆、办公和生活家具购置等应按照固定资产标准分别列入固定资产或流动资产。

其他投资中引进技术费用、经营单位的土地成本（包括出让金、补偿款等）应计入无形资产。

6）拆迁工程、土石方工程不应作为资产单独交付，其费用应合理分摊到相关单项工程中。

4.2.7　工程竣工决算成果文件的内容、形式

（1）建设项目工程竣工决算编制咨询报告的主要内容。

1）报告名称：××单位（公司）××建设项目工程竣工决算编制咨询报告。"单位（公司）"用全称，"建设项目"名称与批复的可行性研究报告名称一致。

2）引言段描述造价咨询企业的任务、建设单位（或委托单位）的责任、造价咨询企业的责任、编制依据、主要编制程序。

3）基本情况可包括单位的基本情况和建设项目的基本情况，单位的基本情况可包含单位成立时间、组织机构、股东组成、股权比例、营业执照号码、注册资本、法定代表人、注册地址、经营范围等基本内容；建设项目的基本情况可包含建设项目立项、可行性研究报告、初步设计及其批复情况；建设项目批复的建设内容、建设地点、建设规模及支出的概算金额、投资总额及资金来源；建设项目的规划许可、施工许可、竣工、检验验收等情况；建设项目实施单位情况；建设项目的批复（计划）及实际起止时间等基本情况。

4）编制范围可包括时间范围和资料范围。

5）具体编制原则及编制方法。

6）建设资金情况应包括资金到位情况和应付账款情况。

7）项目投资支出情况可按照建安投资、设备投资、待摊投资、外汇支出情况分别说明其批复概算、实际完成投资情况、超概算（比概算减少）情况等。

8）尾工情况可说明尾工工程的名称、内容、数量、投资额、预计完工的时间、占概算总投资的比例等。

9）报告声明。

10）签署页。本页需咨询企业盖章。

（2）基本建设项目竣工决算报表及附表。具体格式及编制说明参考相关文件。

（3）工程竣工决算说明书主要内容如下。

1）会计账务处理、财产物资清理及债权债务的清偿情况。主要会计科目的设置情况、会计账务处理的具体方法等，财产清理的时间、人员组成、结果、会计处理情况等，债权债务的清理和偿还情况及结果。

2）基本建设支出预算、投资计划和资金到位情况。应编写资金到位时间、到位金额、到位资金的性质等情况，还可编写预算或投资计划的批复时间、批复文件名称、各类性质资金的批复金额。

3）分析决算与概算的差异及原因，尾工及预留费用情况。

4）历次审查、核查、稽察及整改情况。

5）基本建设项目管理经验、问题和建议、预备费动用情况。

6）招投标情况、工程政府采购情况、合同（协议）履行情况。

7）征地拆迁补偿情况、移民安置情况。

（4）工程造价咨询企业代建设单位编制工程竣工决算，不负有会计和审计责任，只负代编责任，不应在编制的工程竣工决算报表中签章，应在咨询报告中签章。

（5）工程竣工决算报表必须填写建设单位、建设项目名称、主管部门、建设性质、建设单位负责人、建设单位财务负责人及编制日期。

4.3　工程竣工决算编制咨询报告参考格式

4.3.1　××单位（公司）××建设项目工程竣工决算编制咨询报告

××字〔20××〕××号

××单位（公司）：

我们接受委托，代××单位（公司）（以下简称"××单位"）编制××建设项目的工程竣工决算报告。建立健全内部控制制度，保障项目资金的合理、合规使用，提供真实、合法、完整的会计资料及其他相关资料是××单位管理当局的责任。我们的责任是在××单位提供资料的基础上代理编制工程竣工决算报告，并出具工程竣工决算编制咨询报告。我们依据《基本建设财务管理规定》、《财政部关于解释〈基本建设财务管理规定〉执行中有关问题的通知》、《财政部关于进一步加强中央基本建设项目竣工财务决算工作的通知》以及《工程造价咨询企业管理办法》计划和实施编制工作。在编制过程中，我们结合××单位的实际情况，实施了包括查阅会计凭证、审阅相关合同、查阅相关资料等我们认为有必要的程序。现将编制情况及结果报告如下。

一、基本情况

1. ××单位情况

包含单位成立时间、组织机构、股东组成、股权比例、营业执照号码、注册资本、法定代表人、注册地址、经营范围等基本信息。

2. 项目情况

（1）项目批复情况。××××年×月×日，××部门以《××建设项目可行性研究报告的批复》（××〔××××〕××号），批复了项目可行性研究报告。××××年×月×日，××部门以《××项目初步设计的批复》（××〔××××〕××号），批复了项目初步设计。××××年×月×日，××部门以《××项目调整的批复》（××〔××××〕××号），批复了项目部分建设内容的调整。

（2）批复的主要内容。批复项目主要建设内容：××，建设地点：××。批复项目总投资××元，其中：建筑安装工程费××元，设备购置费××元，其他费用××元。资金来源：中央预算内基本建设投资××元、项目资本金××元、银行贷款××元、企业自筹

××元。批复建设周期××个月，即××××年×月至××××年×月。

（3）项目建设程序情况。××××年×月×日，获取了××部门颁发的《××规划许可证》（证号××〔××××〕××号）；××××年×月×日，获取了××部门颁发的《××施工许可证》（证号××〔××××〕××号）；××××年×月×日，该项目通过了××单位、××单位、××单位、××单位组织的竣工验收；××××年×月×日，该项目通过了××单位组织的消防（环评、安评、职业评等专项）验收。

（4）实施单位情况。该项目由××设计院负责可行性研究报告编制、初步设计、施工图设计等；主要施工单位为××公司、××有限公司、××有限责任公司、××建设集团……；监理单位为××公司、××有限公司、××有限责任公司……

（5）建设周期情况。批复建设周期××个月，即××××年×月至××××年×月。实际建设周期××个月，即××××年×月至××××年×月（实际建设时间可以细分）。

二、编制范围

（1）时间范围：从××建设项目开始之日起，至××××年×月×日。

（2）对象范围：××建设项目截至××××年×月×日的财务支出情况、资金情况、合同执行情况、工程结算情况等。

三、编制原则和方法

1. 编制原则

该建设项目工程竣工决算的编制，以权责发生制为基础。截至20××年×月×日，该项目建设完工的工程和已经发生或应当负担的费用，不论款项是否支付，均列入该项目的工程支出。

2. 编制方法

（1）了解建设单位会计核算的具体会计政策，熟悉建设单位具体会计核算方法，核实建设项目各项投资支出的账面金额。

（2）依据建设项目各项投资支出的合同或结算金额、各项投资支出的账面金额、资产清理情况来确定各项投资支出。

（3）实际完成支出与概算支出的差异，注册造价师对其形成的原因进行分析，依据初步设计概算明细和工程结算资料，对单价变化的差异、工程量变化的差异、设计变更的差异等进行仔细分析，形成相关意见，并与建设单位进行沟通。

（4）尚未完工的建安工程、尚未采购的设备、尚需发生的费用，依据合同或概算确定其相关费用支出。

（5）依据批复概算及投资规模、投资计划或年度预算、资金到位凭证、建设项目资本金验资报告、贷款协议等，核实资金来源及到位情况。

（6）依据合同中的资产明细表、发票或附属于发票的资产清单、工程结算资料中公用设备清单，确定交付资产的名称、规格型号、数量、购置金额等。

（7）正确进行资产划分，按照行业或企业固定资产目录、企业固定资产标准、无形资产和递延资产的定义，把资产划分为流动资产、固定资产、无形资产、递延资产和其他支出。

（8）依据安装工程结算资料，确定资产安装费用支出，并将安装费用支出分摊计入交付资产的安装费中。

（9）待摊投资应由受益的各项交付使用资产共同负担。其中，能够确定由某项资产负担的待摊投资，直接计入该资产成本；不能确定负担对象的待摊投资，分摊计入受益的各项资产成本。

四、建设资金情况

1. 资金到位情况

截至××××年×月×日，实际到位的中央预算内基本建设投资××元、项目资本金××元、银行贷款××元、单位自筹资金××元。

（1）中央预算内基本建设投资。截至××××年×月×日，实际到位的中央预算内基本建设投资××元。××××年×月×日到位××元，××××年×月×日到位××元……

（2）项目资本金。截至××××年×月×日，实际到位的项目资本金××元，其中：××股东××元，××股东××元……（可以注明时间）。

（3）银行贷款。截至××××年×月×日，实际到位的银行贷款××元，其中：××银行××支行××元，××银行××支行××元……（可以注明时间）。

（4）单位自筹资金。截至××××年×月×日，实际到位的自筹资金××元。××××年×月×日到位××元，××××年×月×日到位××元……

2. 应付款项××元，其中××单位××元，××单位××元，××单位××元……

五、项目投资支出情况

批复该项目总投资××元，项目单位实际完成总投资××元，超概算（比概算减少）××元，占概算的××%。

项目投资支出情况表　　　　　　　元，台（套），m²

项目	概算投资	完成投资	比概算增减（±）	占概算比例（%）
建安投资				
设备投资				
待摊投资				
合计				
设备数量				
建筑面积				

1. 建筑安装工程投资完成情况

批复该项目新建（改建、改造）建筑面积××m²，建筑安装工程费××元。项目单位实际完成新建（改建、改造）建筑面积××m²，实际完成投资××元，超概算（比概算减少）××元，占概算的××％。

超概算（比概算减少）情况如下。

（1）××项目批复概算××元，实际完成投资××元，超概算（比概算减少）××元。主要原因是：

……

（2）××项目批复概算××元，实际完成投资××元，超概算（比概算减少）××元。主要原因是：

……

2. 设备投资完成情况

批复该项目购置（改造、自制）设备××台（套），设备购置费××元。项目单位实际购置（改造、自制）设备××台（套），完成投资××元，超概算（比概算减少）××元，占概算的××％。

超概算（比概算减少）情况如下。

（1）××设备批复概算××元，实际完成投资××元，超概算（比概算减少）××元。主要原因是：

……

（2）××设备批复概算××元，实际完成投资××元，超概算（比概算减少）××元。主要原因是：

……

3. 待摊投资（或其他费用）完成情况

批复待摊投资（或其他费用）××元，实际完成待摊投资（或其他费用）××元，超概算（比概算减少）××元，占概算的××％。

超概算（比概算减少）情况如下。

（1）××费用批复概算××元，实际完成投资××元，超概算（比概算减少）××元。主要原因是：

……

（2）××费用批复概算××元，实际完成投资××元，超概算（比概算减少）××元。主要原因是：

……

4. 外汇支出情况

批复外汇使用额度××美元，实际使用外汇××美元，超概算（比概算减少）××美元。主要原因是：

……

六、交付使用资产及结余资金情况

1. 交付使用资产情况

经审计确认，实际交付使用资产总值××元，其中：固定资产××元（建筑××元、设备××元），无形资产××元（土地使用权××元、专有技术××元），流动资产××元。经盘点，各项交付资产真实存在，费用分摊基本合理。

2. 结余资金审计情况

该项目批复总投资××元，实际完成投资××元。项目超支（结余）××元。

七、尾工情况

尾工工程的名称、数量，依据已经签订的合同（或概算）确定其投资额为××元，预计完工的时间为××××年×月×日。

尾工工程共计××元，占概算总投资的××％（不能超出5％）。

八、存在问题及建议

1. 存在的问题
2. 建议

九、重大事项说明

十、报告声明

（1）本次编制按照××单位（公司）的要求，依据其提供的会计记录和相关资料编制，我们不承担任何相关的会计和审计责任。

（2）此报告仅供××单位（公司）使用，因使用不当造成的任何后果与执行本业务的注册造价师及咨询企业无关。

附表一：基本建设项目概况表（建竣决01表）

附表二：基本建设项目竣工财务决算表（建竣决02表）

附表三：基本建设项目交付使用资产总表（建竣决03表）

附表四：基本建设项目交付使用资产明细表（建竣决04表）

附表五：应付款明细表（建竣决05表）

附表六：基本建设工程决算审核情况汇总表（建竣决06表）

附表七：待摊投资明细表（建竣决07表）

附表八：待摊投资分配明细表（建竣决08表）

附件九：转出投资明细表（建竣决09表）

附件十：待核销基建支出明细表（建竣决10表）

××工程造价咨询有限公司

××××年×月×日

建设单位：　　　　　　　　　　　　　　　　　　建设项目名称：

主管部门：　　　　　　　　　　　　　　　　　　建设性质：

基本建设项目竣工财务决算报表

建设单位负责人：　　　　　　　　　　　　　　　建设单位财务负责人：

编报日期：

编制说明：

1. "建设项目名称"应按照可行性研究报告批复名称填写。

2. "主管部门"是指建设单位的主管部门。

3. "建设性质"应按批复的设计文件所确定的性质，即建设项目属于新建、改建、扩建等填写。

基本建设项目概况表

建设项目名称				建设地址		项目		概算（元）	实际（元）	备注
主要设计单位				主要施工企业		建设安装工程				
占地面积	设计	实际	总投资（万元）	设计	实际	基建支出	设备、工具、器具			
							待摊投资			
新增生产能力	能力（效益）名称			设计	实际		其中：建设单位管理费			
							其他投资			
建设起止时间	设计						待核销基建支出			
	实际						非经营项目转出投资			
							合计			

设计概算批准文号					
完成主要工作量	建设规模		设备（台、套、吨）		
	设计	实际	设计		实际

收尾工程	工程项目、内容	已完成投资额	尚需投资额	完成时间
	小计			

编制说明：

1. "项目建设地址"为建设项目相关批复的建设地址，如果建设地址改变应当经有权机关批准。

2. "主要设计单位"是指初步设计和施工图设计的主要单位，"主要施工单位"是指主要的建筑工程施工单位，单位数量一般不超出 5 家。

3. "概算批准文件"按审批机关的全称、批复的文件名称和文号、批复日期填写。若概（预）算有调整的，应根据实际批准的文件填列，包括各次经批准调整（修正）的概算文件文号。并在竣工决算说明书具体说明原概算的修正情况及有关内容。

4. "完成主要工程量"中的"建设规模"是指新建、改建、扩建的建筑面积，"设备（台、套、吨）"是指购置、改造、自制设备的台（套）数。

5. 收尾工程是指尾工工程，应按照具体建安内容及设备名称填列。

6. 表中的"概算"金额、"设计"数据，根据批准的设计、概算等文件确定的数字填列。"实际"金额数据指标根据项目建设的实际完成情况填列。

7. 表中基建支出各项数字是指建设项目从开工之日起至达到办理竣工决算之日止发生的全部基本建设支出。基本建设单位管理费是指建设单位从筹建之日起至办理竣工决算之日止发生的管理性质的开支。

基本建设项目竣工财务决算表

项目单位名称：　　　　　　　　　截止日期：

项目名称：　　　　　　　　　　　　　　　　　　　元

资　金　来　源	金额	资　金　占　用	金额
一、基建拨款		一、基建建设支出	
1. 预算拨款		1. 交付使用资产	
2. 基建基金拨款		2. 在建工程	
其中：国债专项资金拨款		3. 待核销基建支出	
3. 专项建设基金拨款		4. 非经营项目转出投资	
4. 进口设备转账拨款		二、应收生产单位投资借款	
5. 器材转账拨款		三、拨付所属投资借款	
6. 煤带油专用基金拨款		四、器材	
7. 自筹资金拨款		五、货币资金	
8. 其他拨款		六、预付及应收款	
二、项目资本		七、有价证券	
1. 国家资本		八、固定资产	
2. 法人资本		固定资产原值	
3. 个人资本		减：累计折旧	
4. 外商资本		固定资产净值	
三、项目资本公积		固定资产清理	
四、基建借款		待处理固定资产损失	
其中：国债转贷			
五、上级拨入投资借款			
六、企业债券资金			
七、待冲基建支出			
八、应付款			
九、未交款			
1. 未缴税金			
2. 其他未交款			
十、上级拨入资金			
十一、留成收入			
合　　计		合　　计	

补充资料：基建投资借款期末余额：

　　　　　应收生产单位投资借款期末数：

　　　　　基建结余资金：

编制说明：

1. "资金来源"应按资金性质和来源渠道明细填写，并按照资金实际到位金额填列。

2. "基建拨款"、"项目资本"、"项目资本公积"、"基建投资借款"、"上级拨入投资借款"、"企业债券资金"、"待冲基建支出"、"基本建设支出"（不含在建工程）、"应收生产单位投资借款"、"拨付所属投资借款"等应反映建设项目自开工建设至竣工止的累计数。表中其余各项目应反映办理竣工验收时的结余数。

3. 表中要注意几个明细科目的填报口径。

（1）"预算拨款"指纳入基本建设支出预算并列报"基本建设支出"科目的预算内拨款。

（2）"其他拨款"主要指社会集资、个人资金、其他单位拨入资金、捐赠等。

（3）"待冲基建支出"是专用的备抵科目，核算待冲销的用基建投资借款购建完成的已转知生产单位的交付使用资产。

（4）"待核销基建支出"中形成资产部分予以扣减。

4. 表中勾稽关系为资金占用总额应等于资金来源总额。

5. 补充资料应按下列要求执行。

（1）"基建投资借款期末余额"应反映竣工时尚未偿还的基建投资借款数。

（2）"应收生产单位投资借款期末数"应反映竣工时应向生产单位收回的用基建投资借款完成并交付使用的资产价值。

（3）"基建结余资金"应反映竣工时的结余资金，按下列公式计算。

基建结余资金＝基建拨款＋项目资本＋项目资本公积＋基建投资借款＋企业债券资金＋待冲基建支出－基本建设支出－应收生产单位投资借款。

基本建设项目交付使用资产总表

项目单位名称：　　　　　　　　　　　　截止日期：

项目名称：　　　　　　　　　　　　　　　　　　　　　　　　元

序号	单项工程项目名称	总计	固定资产				流动资产	无形资产	递延资产
			合计	建安工程	设备	其他			
	合　计								

交付单位：　　　　　负责人：　　　　　　　接收单位：　　　　　负责人：

盖　章　　　　　年　月　日　　　　盖　章　　　　　年　月　日

编制说明：按单项工程分行填列。表中各栏数字应根据"基本建设项目交付使用资产明细表"（建竣决 04 表）中相应单项工程项下各明细项的数字汇总填列，其总计数的合计数应分别与建竣决 02 表中的"交付使用资产"及建竣决 04 表中的各单项工程的总计数加总相一致。

基本建设项目交付使用资产明细表

项目单位名称：　　　　　　　　　　　　　　截止日期：

项目名称：　　　　　　　　　　　　　　　　　　　　　　　　　　　　元

序号	单项工程项目名称	建筑工程			设备、工具、器具、家具							流动资产		无形资产		递延资产	
		结构	面积（m²）	价值	名称	规格型号	单位	数量	价值	设备安装费	小计	名称	价值	名称	价值	名称	价值
合　计																	

交付单位：　　　　　　负责人：　　　　　　接收单位：　　　　　　负责人：

盖　章　　　　年　月　日　　盖　章　　　　年　月　日

编制说明：

1. 交付使用资产的详细内容，编制时，应对建竣决 03 表中各单项工程项下的内容作分类明细填列，并按单项工程进行小计，各小计行中各栏数字应与建竣决 03 表中相应的栏目相一致。

2. 单项工程项目名称，设备、工具、器具、家具的名称、规格型号、数量，无形资产及其他资产的名称、数量等应与概算一致。如果与概算不一致时，应在编制说明中做详细说明，并判断是否属于概算外资产。

应 付 款 明 细 表

项目单位名称：　　　　　　　　　　　　　　截止日期：

项目名称：　　　　　　　　　　　　　　　　　　　　　　　　　　　　元

序号	合同名称	合同单位	合同金额	结算金额	已付金额	欠付金额
合　计						

编制说明：该表应按照存在应付款的合同单位分别列示。

基本建设工程决算审核情况汇总表

项目单位名称：　　　　　　　　　　　　　截止日期：

项目名称：　　　　　　　　　　　　　　　　　　　　　　　元

序号	工程项目及费用名称	结构或规格型号	批准概算		完成投资		审定投资		备注
			数量	金额	数量	金额	数量	金额	
.	按批准概算明细口径或单位工程、分部工程填列（以下为示例）								
	总　　计								
一	建筑安装工程投资								
1									
2									
3									
…									
二	设备、工器具								
1									
2									
3									
…									
三	工程建设其他费（待摊投资）								
1									
2									
3									
…									

备注：上述表格可以分解为三个执行情况表，反映更加详细的内容。

编制说明：

1. 工程项目及费用名称、结构或规格型号按照批复概算填列，如果批复概算不明细的，也可依据初步设计填列，审定投资金额在编制时可以不填写。

2. 实际执行情况如果与概算不一致时，应在编制说明中做详细说明，并判断是否属于概算外支出。

待 摊 投 资 明 细 表

项目单位名称：　　　　　　　　　　截止日期：

项目名称：　　　　　　　　　　　　　　　　　　　　　元

项　　目	金额	项　　目	金额
1. 建设单位管理费		21. 土地使用税	
2. 代建管理费		22. 耕地占用税	
3. 土地征用及迁移补偿费		23. 车船使用税	
4. 土地复垦及补偿费		24. 汇兑损益	
5. 勘察设计费		25. 报废工程损失	
6. 研究实验费		26. 坏账损失	
7. 可行性研究费		27. 借款利息	
8. 临时设施费		28. 减：财政贴息资金	
9. 工程保险费		29. 减：存款利息收入	
10. 设备检验费		30. 固定资产损失	
11. 负荷联合试车费		31. 器材处理亏损	
12. 合同公证费		32. 设备盘亏及毁损	
13. 工程质量监理监督费		33. 调整器材调拨价格折价	
14. （贷款）项目评估费		34. 企业债券发行费用	
15. 国外借款手续费及承诺费		35. 航道维护费	
16. 社会中介机构审核（查）费		36. 航标设施费	
17. 招投标费		37. 航测费	
18. 经济合同仲裁费		38. 其他待摊投资	
19. 诉讼费		……	
20. 律师代理费		合　　计	

编制说明：

1. 各明细项按概算类别和实际发生数填列，其合计数应分别与基本建设概况表基建支出中的待摊投资相一致。

2. 可以依据概算批复情况及实际发生情况进行明细项目的追加或变更。

待摊投资分配明细表

项目单位名称：　　　　　　　　　　　　　截止日期：

项目名称：　　　　　　　　　　　　　　　　　　　　　　　　　元

序号	单项工程名称	建筑工程					设备、工具、器具、家具								无形资产				递延资产	
		结构	面积(m²)	结算价值	待摊投资	交付价值	名称	规格型号	单位	数量	价值	设备安装费	待摊投资	小计	名称	价值	待摊投资	价值	名称	价值
	合计																			
1																				
2																				
3																				
4																				
5																				
6																				
7																				
8																				
...																				

交付单位：　　　　　　负责人：　　　　　　接收单位：　　　　　　负责人：

盖　章　　　　　　年　月　日　　盖　章　　　　　　年　月　日

转 出 投 资 明 细 表

项目单位名称：　　　　　　　　　　　　　截止日期：

项目名称：　　　　　　　　　　　　　　　　　　　　　　　　　元

序号	单项工程名称	建筑工程			设备、工具、器具、家具						流动资产		无形资产		递延资产	
		结构	面积(m²)	价值	名称	规格型号	单位	数量	价值	设备安装费	名称	价值	名称	价值	名称	价值
1																
2																
3																
4																
5																
6																
7																
8																
...																
	合计															

交付单位：　　　　　　负责人：　　　　　　接收单位：　　　　　　负责人：

盖　章　　　　　　年　月　日　　盖　章　　　　　　年　月　日

编制说明：按照批复明细逐项详细填列。具体参照上述编制说明。

待核销基建支出明细表

项目单位名称：　　　　　　　　　　　　　　　截止日期：

项目名称：　　　　　　　　　　　　　　　　　　　　　　　　　　　元

序号	项目名称	实施内容	金额	待核销原因	备注
合　　计					

编制说明：按照批复明细逐项详细填列，并详细说明实施内容和待核销原因。

4.3.2　工程竣工决算预算审查实例

<h2 style="text-align:center">建 设 工 程 决 算 书</h2>

项目名称：　　×××市×××区第二实验小学操场

　　　　　　　　运动场维修及电力改造工程

工程地点：　　×××市×××区第二实验小学校内

发 包 人：　　×××市×××第二实验小学

承 包 人：　　×××城乡×××建设有限责任公司

签订日期：　　××××年××月××日

工 程 决 算 书

甲　　方：　　　　×××市×××区第二实验小学

乙　　方：　　　　×××建设有限责任公司

工程名称：　　　　×××市×××区第二实验小学操场

　　　　　　　　　运动场维修及电力改造工程

工程决算价：小写：514147.48 元；大写：伍拾壹万肆仟壹佰肆拾柒元肆角捌分。

甲　　方：×××市×××区第二实验小学

（盖章）

地　　址：

代表人（签字）：×××

电　　话：×××××××××××

乙　　方：×××城乡×××建设有限责任公司

（盖章）

地　　址：×××市×××区永定门外东滨河路 11 号

代表人（签字）：×××

电　　话：×××××××××××

工程变更洽商记录　　　　　　　　　　　资料编号 03-C2-001

工程名称	×××市×××区第二实验小学操场 运动场维修及电力改造工程		专业名称	建筑装饰装修
提出单位名称	××××建筑装饰设计工程有限公司		日　期	××××年××月××日
内容摘要	室内一层大厅墙面、室外运动场围栏、室外活动区			

序号	图号	洽商内容
1	ZS-11	室外操场照明，因原有设计方案不能满足使用要求，现增加操场照明，控制电缆 YJY-3×4，配管一镀锌钢管 JD25、金属线槽、室外照明灯及支架

签字栏	建设单位	监理单位	设计单位	施工单位
	×××	×××	×××	×××

本表由变更提出单位填写。

工 程 竣 工 验 收 单

项目名称：　　　×××市×××区第二实验小学操场
　　　　　　　　运动场维修及电力改造工程

致：

　　我方已按合同要求完成了×××市×××区第二实验小学操场运动场维修及电力改造工程，经自检合格，请予以检查和验收。

承包单位：（盖章）

　　　　　　　　　　　　　　　　　　　　　　代表人：×××
　　　　　　　　　　　　　　　　　　　　　　日期：××××年××月××日

建设单位：（盖章）

　　　　　　　　　　　　　　　　　　　　　　代表人：×××
　　　　　　　　　　　　　　　　　　　　　　日期：××××年××月××日

验收意见：同意验收。

投 标 总 价

招 标 人：＿＿＿＿＿＿＿＿＿＿＿＿＿＿＿＿＿＿＿＿＿＿＿＿＿＿＿＿＿

工程名称：×××市×××区第二实验小学操场运动场维修及电力改造工程（实际）

投标总价（小写）：＿＿＿＿＿＿＿＿＿＿＿514147.48＿＿＿＿＿＿＿＿＿＿＿

　　　　（大写）：＿＿＿＿＿伍拾壹万肆仟壹佰肆拾柒元肆角捌分＿＿＿＿＿

投 标 人：＿＿＿＿＿＿＿＿＿＿＿＿＿＿＿＿＿＿＿＿＿＿＿＿＿＿＿＿＿

法定代表人或其授权人：＿＿＿＿＿＿＿＿＿＿＿＿＿＿＿＿＿＿＿＿＿＿＿

编 制 人：＿＿＿＿＿＿＿＿＿＿＿＿＿＿＿＿＿＿＿＿＿＿＿＿＿＿＿＿＿

编制时间：××××年××月××日

单位工程投标报价汇总表

工程名称：×××市×××区第二实验小学操场运动场维修及电力改造工程（实际）

序号	汇 总 内 容	金额（元）	其中：暂估价（元）
1	分部分项工程费	451954.62	
1.1	部分运动场地维修改造	223207.54	
1.2	新建领操台工程	95431.99	
1.3	室外电力改造工程	105460.54	
1.4	操场照明	27854.55	
2	措施项目费	23546.47	
2.2	其中：安全文明施工费	23546.47	
3	其他项目	0	
3.1	其中：暂列金额		
3.2	其中：专业工程暂估价		
3.3	其中：计日工		
3.4	其中：总承包服务费		
4	规费		21355.77
5	税金		17290.62
	投标报价合计＝1＋2＋3＋4＋5	514147.48	0

分部分项工程和单价措施项目清单与计价表

工程名称：×××市×××区第二实验小学操场运动场维修及电力改造工程（实际）

第 1 页　共 2 页

序号	子目编码	子目名称	子目特征描述	计量单位	工程量	综合单价	合价	暂估价
		部分运动场地维修改造						
1	010101001002	平整场地	平整场地	m²	195.8	7.36	1441.09	
2	010501004001	现浇混凝土 地面	现浇混凝土 地面	m³	39.16	503.55	19719.02	
3	011103002001	橡胶板卷材楼地面	橡胶板面层	m²	195.8	161.25	31572.75	
4	011201004001	立面砂浆找平层	立面砂浆找平层	m²	16.8	31.6	530.88	
5	010804004001	防护网	防护网	m²	65	1513.1	98351.5	
6	050305010001	室外木质座椅	室外木质座椅	个	10	5389.08	53890.8	
7	01B001	沙坑	沙坑	项	1	16585	16585	
8	010401003002	实心砖墙	实心砖墙	m³	1	1116.5	1116.5	
		分部小计					223207.54	
		新建领操台工程						
9	010101001001	平整场地	平整场地	m²	48.88	7.36	359.76	
10	010101003001	挖沟槽土方	挖沟槽土方	m³	42.44	31.75	1347.47	
11	010103001001	回填方	基础回填 灰土 3∶7	m³	18.4	120.14	2210.58	
12	010103002001	余方弃置	余方弃置	m³	35.2	1.86	65.47	
13	010401001001	砖基础	砖砌体 基础	m³	30.78	702.71	21629.41	
14	010401003001	实心砖墙	实心砖墙	m³	20.52	761.25	15620.85	
15	010501001001	垫层	混凝土垫层	m³	3.68	441.91	1626.23	
16	011107001001	石材台阶面	台阶 石材	m²	1.8	402.22	724	
17	920102001001	块料面层楼地面拆除	拆除垫层 混凝土 拆除工程 面砖 渣土 运输 五环以外	m²	35.2	195.65	6886.88	
18	011101001001	水泥砂浆楼地面	水泥砂浆楼地面	m²	35.2	23.55	828.96	
19	011102001001	石材楼地面	石材楼地面	m²	35.2	262	9222.4	
20	011201001001	墙面一般抹灰	墙面一般抹灰	m²	20.48	2.5	51.2	
21	011206003001	腰线	腰线	m²	5.12	328.08	1679.77	
22	011204003001	块料墙面	块料墙面	m²	17.92	148.21	2655.92	
23	031001005001	铸铁管	排水铸铁管（水泥接口）公称直径 100mm 以内	m	19.5	107.78	2101.71	
		本 页 小 计					290218.15	

注：为计取规费等的使用，可在表中增设其中："定额人工费"。

分部分项工程和单价措施项目清单与计价表

工程名称：×××市×××区第二实验小学操场运动场维修及电力改造工程（实际）

序号	子目编码	子目名称	子目特征描述	计量单位	工程量	金额（元）		其中
						综合单价	合价	暂估价
24	031201001001	管道刷油	管道刷油 管道刷油 防锈漆 二遍	m²	12	46.59	559.08	
25	050101010001	整理绿化用地	整理绿化用地	m²	30	7.36	220.8	
26	050102012001	铺种草皮	草坪 铺草卷 后期养护	m²	30	20.14	604.2	
27	070302012001	污水井	排水井	座	2	13518.65	27037.3	
		分部小计					95431.99	
		室外电力改造工程						
28	030408001001	电力电缆	电力电缆 YJV-4×95+1×50	m	271.36	121.4	32943.1	
29	030408003001	电缆保护管	电缆保护管	m	26.4	106.34	2807.38	
30	030408007001	控制电缆头	控制电缆头	个	20	133.94	2678.8	
31	030408008001	打墙洞	打墙洞	处	4	110.21	440.84	
32	031002001001	管道支架	管道支架	kg	2654.22	22.01	58419.38	
33	030410002001	横担组装	横担组装	组	8	335.73	2685.84	
34	011701001001	综合脚手架	综合脚手架	m²	280	19.59	5485.2	
		分部小计					105460.54	
		操场照明						
35	030408002001	控制电缆	控制电缆 YJV-3×4	m	200	59.42	11884	
36	030411001001	配管	镀锌钢管 JD25	m	50	36.32	1816	
37	030411002001	金属线槽	金属线槽	m	25	116.11	2902.75	
38	030412002001	室外照明灯	1. 室外照明灯 支架上 2. 照明灯支架	套	6	1875.3	1125.8	
		分部小计					27854.55	
		措施项目						
39	011707002001	夜间施工			1			
40				项	1			
		分部小计						
		本页小计					161736.47	
		合　　计					451954.62	

注：为计取规费等的使用，可在表中增设其中："定额人工费"。

设 计 变 更 通 知 单　　　　　　　资料编号 03-C2-001

项目名称	×××市×××区第二实验小学操场 运动场维修及电力改造工程		专业名称	建筑装饰装修
设计单位名称	××××建筑装饰设计工程有限公司		日　期	××××年××月××日

序号	图号	变　更　内　容
1	ZS-11	增加操场照明： 控制电缆 YJV-3×4，配管—镀锌钢管 JD25，金属线槽，室外照明灯及支架

签字栏	建设（监理）单位	设计单位	施工单位
	×××	×××	×××

1. 本表由建设单位、监理单位、施工单位和城建档案馆各保存一份。

2. 涉及图纸修改的，必须注明应修改图纸的图号。

3. 不可将不同专业的设计变更办理在同一份变更上。

4. "专业名称"栏应按专业填写，如建筑、结构、给排水、电气、通风空调等。

设 计 成 果 确 认 单　　　　　　　　　　编号：HG-2014-001

项目名称	×××市×××区第二实验小学操场运动场维修及电力改造工程			
甲　　方	×××市×××区第二实验小学			
乙　　方	×××城乡×××建筑装饰设计工程有限公司			
文件名称	投标效果图、施工图			
说　　明	1. 运动场地维修改造 （1）平整场地及水泥砂找平； （2）订制并安装防护网； （3）木质坐椅； （4）沙坑及实心砖墙砌注。 2. 新建领操台 （1）平整场地及挖沟回填，砌注基础及实心砖墙； （2）混凝土垫层； （3）石材地面。 3. 电力改造区 （1）电力电缆 YJV-4×95＋1×50； （2）电缆保护管； （3）打墙洞及管道支架、横担组装			
单　　位	联络人	部门负责人/ 项目负责人	日期	
甲　　方		×××	××××年××月××日	
乙　　方		×××	××××年××月××日	

注：1. 联络人为甲乙双方设计项目联络人签名，负责人为甲乙双方设计项目负责任人签名，部门负责人为双方设计部门负责人（联络人、负责人、部门负责人应在设计协议中明确）。时间为发出及收到此通知书的时间。

　　　2. 此表格一式两份，甲乙双方各执一份。

　　　3. 此表格应以纸质文件形式发达和留存。

政府采购合同（工程类）

采购中心已备案

××××年××月××日

项目编号：SJSZC-XM×××××××××××

合同编号：SJSZC-XM×××××××××××

工程名称：××××年×××区教委义务教育扩大优质教育资源供给——×××市×××区第二实验小学（操场运动场维修及电力改造等）工程项目

甲方（发包方）：×××市×××区第二实验小学

乙方（承包方）：×××城乡×××建筑有限责任公司

签署日期：××××年××月××日

建筑、安装、工程政府采购合同书

×××市×××区教育委员会××××年×××区教委义务教育扩大优质教育资源供给——×××市×××区第二实验小学（操场运动场维修及电力改造等）工程项目经×××市×××区政府采购中心以 SJSZC××××-×××号招标文件在国内以公开招标方式招标评定的×××区教育委员会校舍维修工程定点承包商××××年度入围的××家定点承包商内选择。经×××区教育委员组织××市专家库专家评审（项目编号：SJSZC-XM×××××××××），×××市×××区第二实验小学确认，×××城乡×××建筑有限责任公司作为本项目的施工单位。依照《中华人民共和国政府采购法》、《中华人民共和国合同法》和×××市的有关规定，经甲、乙双方协商一致，同意按照下面的条款和条件，签署本合同。

1. 合同文件

下列文件构成本合同的组成部分，应该认为是一个整体，彼此相互解释，相互补充。为便于解释，组成合同的多个文件的优先支配地位的次序如下：

(1) 本合同书

(2) 中标通知书　　　（SJSZC××××××××号中标库内企业竞标）

(3) 协议　　　　　　（协议双方如有补充，需报采购中心备案）

(4) 投标文件　　　　（本项目报价及施组方案）

(5) 投标文件　　　　（SJSZC××××××××号，本项目需求、清单）

(6) 合同附件　　　　（附合同后）

2. 施工内容及细则

本合同施工内容及细则：见合同附件

3. 合同总价

本合同总价为483374.90元，人民币大写：肆拾捌万叁仟叁佰柒拾肆元玖角整。

注：最终结算价格按 SJSZC××××××××号招标文件和《×××市×××区教育委员会校舍维修、校园文化、绿化定点采购管理办法》相关规定执行。

4. 付款方式

本合同的付款方式为：

(1) 合同生效 7 日内，甲方向乙方支付合同金额的 50%；

(2) 工程进度过半，甲方向乙方支付合同金额的 35%；

(3) 工程验收合格后甲方支付 10%；

(4) 工程验收合格 12 个月无质量问题甲方支付（无息）5%；

(5) 如有特殊要求，双方可对以上付款期限进行协商。

5. 本合同货物的交货时间及交货地点

完工时间：本合同签订后 30 个工作日

施工地点：×××市×××区第二实验小学指定地点

6. 合同的生效

本合同一式五份，甲乙双方各持一份，×××区教育委员会基建科备案一份，×××区政府采购中心备案一份，×××区财政局政府采购管理科备案一份。经双方全权代表签署、加盖单位印章后生效。

7. 联系方式

×××区教育委员会基建科联系人：×××　　　　联系电话：××××××

政府采购中心项目联系人：×××　　　　　　联系电话：××××××

8. 其他未约定事项见合同附件

甲方：×××市×××区第二实验小学
（单位公章或合同章）

授权人（签字）：
联系电话：
地址：
××××年××月××日

乙方：×××城乡×××建筑有限责任公司
（单位公章或合同章）

授权人（签字）：
联系电话：
地址：
××××年××月××日

主管部门：×××市×××区教育委员会
（单位公章）

负责人（签字）：
联系电话：
地址：
××××年××月××日

北京市建设工程施工合同

（小型工程本）

发 包 方：_____×××市×××区第二实验小学_____

承 包 方：_____×××城乡×××建设有限责任公司_____

工程名称：×××市×××区第二实验小学操场运动场维修及电力改造工程

工程地点：_____第二实验小学院内_____

建筑面积：_____/_____ m²；层　　数：_____/_____

结构类型：_____/_____；檐高/角度：_____/_____ m

批准文号：（有权机关批准工程立项的文号）_____/_____

工程性质：（指基建、技改、合资等）_____/_____

承包范围：_____校舍改造工程_____

承包方式：_____包工包料_____

质量等级（优良或合格）：_____合格_____

工程承包造价（金额大写）：_____肆拾捌万叁仟叁佰柒拾肆元玖角_____整

￥：_____483374.90_____

　　×××市建设工程施工合同（小型工程本）是依据《建设工程施工合同示范文本》（GF—99—0201）拟定的，适用于建筑面积在 2000m² 以内或承包造价在 50 万元以内的建筑工程。

（贴印花税票处）

×××市建设工程施工合同协议条款

依照《中华人民共和国合同法》、《中华人民共和国建筑法》及其他有关法律、行政法规，就本项工程建设有关事项，遵循平等、自愿、公平和诚实信用的原则，经双方协商达成如下协议：

第1条　工期

1.1　本合同工程定于××××年××月××日开工；于××××年××月××日竣工。合同工期日历天数为＿＿38＿＿天。工期如需提前，按约定的开、竣工日期计算的合同工期总天数为＿＿38＿＿天。

1.2　承包方为提前工期采取的相应措施及因此增加的经济支出：＿＿/＿＿

1.3　工期提前或延误的奖罚，由双方协商后在合同中约定：＿＿/＿＿

第2条　图纸。发包方于××××年××月××日，向承包方提供＿＿三＿＿套图纸。

第3条　发包方、承包方驻工地代表。发包方工程师姓名：×××；项目经理姓名：×××。

第4条　发包人工作

开工前办理完毕土地征用，青苗、树木赔偿，坟地迁移，房屋、构筑物拆迁，地上及架空、地下障碍物清除，将施工所需水、电线路、道路接通至施工现场，并保证施工期间的需要，向承包方提供施工现场工程地质和地下管网线路资料，提交办理有关证件、批件的合法手续，将水准点与坐标控制点位置以书面形式提交给承包方，并于现场交验，协调、处理施工现场周围建筑物、构筑物（含文物保护建筑）、古树名木和地下管线的保护及施工扰民问题，合同签订后＿＿3＿＿天内组织会审图纸和设计交底，在收到承包方提供的施工组织设计（或施工方案）和进度计划后＿＿7＿＿天内予以确认。凡在有毒有害环境中施工时，发包方按有关规定提供相应的防护措施，并承担相关的经济支出。

第5条　承包人工作

5.1　每月＿＿/＿＿日向发包方报送月度施工计划和已完工程进度统计报表。

5.2　遵守国家及本市有关部门对施工现场的交通和施工噪声等管理规定，负责安全保卫、清洁卫生等各项工作，做好施工现场周围建筑物、构筑物（含文物保护建筑）、古树名木和地下管线的保护。发现地下障碍和文物时，及时报告有关部门并采取有效保护措施，按有关具体规定处置，发包方承担由此发生的费用，延误的工期相应顺延。在图纸会审和设计交底后＿＿3＿＿天内向发包方提交施工组织设计（或施工方案）和进度计划。承包方不按合同约定完成各项工作时，应承担由此造成的经济损失，工期不予顺延。

第6条　工程质量检查及验收

6.1　当工程具备覆盖、掩盖条件或达到中间验收部位以前，承包自检，并于48小时前通知发包方参加，验收合格，发包方在验收记录上签字后，方可进行隐蔽和继续施工。工程质量符合规范要求，发包方不在验收记录签字，可视为发包方已经批准，承包方可进行隐蔽或继续施工。验收不合格，承包方在限定时间内修改后重新验收。因发包方不正确纠正或其他非承包方原因引起的经济支出，由发包方承担。检验不应影响施工正常进行，如影响施工正常进行，检验不合格，影响正常施工的费用由承包方承担。除此之外影响正常施工的经济支出由发包方承担，相应顺延工期。

6.2　工程具备竣工验收条件，承包方按国家和本市工程竣工有关规定，向发包方提供完整竣工资料和竣工验收报告，发包方10天内组织验收。发包方不能按约定日期组织验收，应从约定期限最后一天的次日起承担工程保管责任及应支付的费用。

发包方、承包方办理工程竣工验收手续后，发包方于5日内按有关规定向质量监督机构申报竣工工程质量备案本合同即告终止。承包人应按法律、行政法规或国家关于工程质量保修的有关规定，对交付发包人使用的工程在质量保修期内承担质量保修责任。

第7条　设计变更及合同价款的调整

7.1　施工中发包方对原设计进行变更，经批准后，发包方应在变更前10天向承包方发出书面变更通知，否则，承包方有权拒绝变更。承包方按通知进行变更，并于 5 天内，根据约定的可调整承包方式提出变更价款报告的完整资料，因变更导致的经济支出和承包损失，由发包方承担，发包方收到变更价款报告之日起 5 天内予以签认，无正当理由不签认时自变更价款报告送达之日起 5 天后自行生效，由此延误的工期相应顺延。

7.2　本工程按可调整的承包方式对承包造价作如下调整。

第 8 条　工程价款及结算

8.1　双方按国家和本市有关主管部门现行规定，在合同生效后，发包方按下表约定分＿二＿次向承包方预付或支付工程款，发包方不按时拨付工程款，从应付之日起承担应付款的利息。

拨付工程款时间 （工程进度、部位）	占工程承包总造价 （%）	金额 （元）
工程竣工验收合格后	90	435037.40
审计后	5	24168.75
质保金一年后	5	24168.75

第 9 条　材料设备的供应

9.1　发包方按双方约定的《发包方供应材料设备一览表》（附后）供应材料设备，如与《发包方供应材料设备一览表》不符时，承担相应违约责任。

9.2　发包方、承包方双方应对各自负责供应的材料设备，提供产品合格证明；如与设计和规范要求不符的产品，重新采购符合要求的产品，各自承担由此发生的费用。

9.3　承包方需使用代用材料时，须经发包方代表批准方可使用，由此增减的费用双方议定。

第 10 条　争议

发包方、承包方双方发生争议时，可以通过协商或者申请施工合同管理机构会同有关部门调解。不愿调解或调解不成的，可以采取下列一种方式解决：

第一种争议解决方式：向＿/＿仲裁委员会申请仲裁；

第二种争议解决方式：向×××人民法院起诉。双方约定按第＿二＿种争议解决方式解决。

第 11 条　违约

发包方或承包方不能按本协议条款约定内容履行自己的各项义务及发生使合同无法履行的行为，应承担相应的违约责任，包括支付违约金，赔偿因其违约给对方造成的全部经济损失。

除非双方协议将合同终止，或因一方违约使合同无法履行，违约方承担上述违约责任后仍应继续履行合同。

第 12 条　合同份数

本合同正本＿贰＿份具有同等效力，由发包方承包方双方分别保存；副本＿肆＿份。

第 13 条　补充条款如下：

_____

_____　。

_____工程发包方供应材料设备一览表

序号	材料或设备名称	规格型号	单位	数量	单价	供应时间	送达地点	备注
	无							

本合同订立时间：××××年××月××日（即日起生效）

发包方：（章）　　　　　　　　　　承包方：（章）

地　　址：　　　　　　　　　　　地　　　址：

法定代表人：　　　　　　　　　　法定代表人：

委托代理人：　　　　　　　　　　委托代理人：

电　　话：　　　　　　　　　　　电　　　话：

开户银行：　　　　　　　　　　　开户银行：

账　　号：　　　　　　　　　　　账　　　号：

邮政编码：　　　　　　　　　　　邮政编码：

投 标 总 价

招 标 人：＿＿＿＿＿＿＿＿＿＿＿＿＿＿＿＿＿＿＿＿

工程名称：×××市×××区第二实验小学操场运动场维修及电力改造工程

投标总价（小写）：＿＿＿＿＿＿＿483374.90＿＿＿＿＿＿＿

　　　　（大写）：＿＿＿＿＿肆拾捌万叁仟叁佰柒拾肆元玖角＿＿＿＿＿

投 标 人：＿＿＿＿＿＿＿＿＿＿＿＿＿＿＿＿＿＿＿＿

法定代表人或其授权人：＿＿＿＿＿＿＿＿＿＿＿＿＿＿＿＿＿

编 制 人：＿＿＿＿＿＿＿＿＿＿＿＿＿＿＿＿＿＿＿＿

编制时间：××××年××月××日

单位工程投标报价汇总表

工程名称：×××市×××区第二实验小学操场运动场维修及电力改造工程　　　第 1 页　共 1 页

序号	汇 总 内 容	金额（元）	其中：暂估价（元）
1	分部分项工程费	424100.07	
1.1	部分运动场地维修改造	223207.54	
1.2	新建领操台工程	95431.99	
1.3	室外电力改造工程	105460.54	
2	措施项目费	22095.29	
2.2	其中：安全文明施工费	22095.29	
3	其他项目	0	
3.1	其中：暂列金额		
3.2	其中：专业工程暂估价		
3.3	其中：计日工		
3.4	其中：总承包服务费		
4	规费	20923.79	
5	税金	16255.75	
投标报价合计＝1＋2＋3＋4＋5		483374.90	0

工程结算与决算

分部分项工程和单价措施项目清单与计价表

工程名称：×××市×××区第二实验小学操场运动场维修及电力改造工程　　第1页　共2页

序号	子目编码	子目名称	子目特征描述	计量单位	工程量	综合单价	合价	暂估价
		部分运动场地维修改造						
1	010101001002	平整场地	平整场地	m²	195.8	7.36	1441.09	
2	010501004001	现浇混凝土 地面	现浇混凝土 地面	m³	39.16	503.55	19719.02	
3	011103002001	橡胶板卷材楼地面	橡胶板面层	m²	195.8	161.25	31572.75	
4	011201004001	立面砂浆找平层	立面砂浆找平层	m²	16.8	31.6	530.88	
5	010804004001	防护网	防护网	m²	65	1513.1	98351.5	
6	050305010001	室外木质座椅	室外木质座椅	个	10	5389.08	53890.8	
7	01B001	沙坑	沙坑	项	1	16585	16585	
8	010401003002	实心砖墙	实心砖墙	m³	1	1116.5	1116.5	
		分部小计					223207.54	
		新建领操台工程						
9	010101001001	平整场地	平整场地	m²	45.88	7.36	359.76	
10	010101003001	挖沟槽土方	挖沟槽土方	m³	42.44	31.75	1347.47	
11	010103001001	回填方	基础回填 灰土 3：7	m³	18.4	120.14	2210.58	
12	010103002001	余方弃置	余方弃置	m³	35.2	1.86	65.47	
13	010401001001	砖基础	砖砌体 基础	m³	30.78	702.71	21629.41	
14	010401003001	实心砖墙	实心砖墙	m³	20.52	761.25	15620.85	
15	010501001001	垫层	混凝土垫层	m³	3.68	441.91	1626.23	
16	011107001001	石材台阶面	台阶 石材	m²	1.8	402.22	724	
17	920102001001	块料面层楼地面拆除	拆除垫层 混凝土 拆除工程 面砖 渣土 运输 五环以外	m²	35.2	195.65	6886.88	
18	011101001001	水泥砂浆楼地面	水泥砂浆楼地面	m²	35.2	23.55	828.96	
19	011102001001	石材楼地面	石材楼地面	m²	35.2	262	9222.4	
20	011201001001	墙面一般抹灰	墙面一般抹灰	m²	20.48	2.5	51.2	
21	011206003001	腰线	腰线	m²	5.12	328.08	1679.77	
22	011204003001	块料墙面	块料墙面	m²	17.92	148.21	2655.92	
23	031001005001	铸铁管	排水铸铁管（水泥接口）公称直径100mm以内	m	19.5	107.78	2101.71	
		本 页 小 计					290218.15	

注：为计取规费等的使用，可在表中增设其中："定额人工费"。

分部分项工程和单价措施项目清单与计价表

工程名称：×××市×××区第二实验小学操场运动场维修及电力改造工程　　　第 2 页　共 2 页

序号	子目编码	子目名称	子目特征描述	计量单位	工程量	金额（元）		其中
						综合单价	合价	暂估价
24	031201001001	管道刷油	管道刷油　管道刷油　防锈漆　二遍	m²	12	46.55	559.08	
25	050101010001	整理绿化用地	整理绿化用地	m²	30	7.36	220.8	
26	050102012001	铺种草皮	草坪　铺草卷　后期养护	m²	30	20.14	604.2	
27	070302012001	污水井	排水井	座	2	13518.65	27037.3	
		分部小计					95431.99	
		室外电力改造工程						
28	030408001001	电力电缆	电力电缆 YJV-4×95＋1×50	m	271.36	121.4	32943.1	
29	030408003001	电缆保护管	电缆保护管	m	26.4	106.34	2807.38	
30	030408007001	控制电缆头	控制电缆头	个	20	133.94	2678.8	
31	030408008001	打墙洞	打墙洞	处	4	110.21	440.84	
32	031002001001	管道支架	管道支架	kg	2654.22	22.01	58419.38	
33	030410002001	横担组装	横担组装	组	8	335.73	2685.84	
34	011701001001	综合脚手架	综合脚手架	m²	280	19.59	5485.2	
		分部小计					105460.54	
		措施项目						
35	011707002001	夜间施工			1			
36				项	1			
		分部小计						
		本页小计					133881.92	
		合　　计					424100.07	

注：为计取规费等的使用，可在表中增设其中："定额人工费"。

×××小学操场运动场维修电力改造等项目专家评审

意见（sjszc-xm××××××××××××）

　　根据"评标办法"经评标委员会认真综合打分，结果是"项目评分表"，表格已中标一个标段，本工程中标单位为：×××城乡×××建筑有限责任公司

专家签字：李××　　吴××　　周××　　王××　　秦××

×××
×年××月××日

×× 小学操场运动场维修电力改造等项目
sjszc-xm×××××××××× 评分表

单位名称	专家评分					平均评分	排名
	李××	吴××	周××	王××	秦××		
×××城乡×××建筑有限责任公司	93.99	93.99	93.99	93.99	93.99		
×××建筑工程公司	92.40	92.40	92.40	92.40	92.40		
×××建设有限责任公司	89.97	89.97	89.97	89.97	89.97		
×××矿建建设安装有限责任公司	100	100	100	100	100		

日期：××××年××月××日

第5章 工程竣工决算的审查

5.1 工程竣工决算审查规定

5.1.1 审查依据及相关规定

（1）《中华人民共和国招标投标法》。

第三条 在中华人民共和国境内进行下列工程建设项目包括项目的勘察、设计、施工、监理以及与工程建设有关的重要设备、材料等的采购，必须进行招标：

1）大型基础设施、公用事业等关系社会公共利益、公众安全的项目；

2）全部或者部分使用国有资金投资或者国家融资的项目；

3）使用国际组织或者外国政府贷款、援助资金的项目。

前款所列项目的具体范围和规模标准，由国务院发展计划部门会同国务院有关部门制订，报国务院批准。

第四条 任何单位和个人不得将依法必须进行招标的项目化整为零或者以其他任何方式规避招标。

第十六条 招标人采用公开招标方式的，应当发布招标公告。依法必须进行招标的项目的招标公告，应当通过国家指定的报刊、信息网络或者其他媒介发布。

招标公告应当载明招标人的名称和地址、招标项目的性质、数量、实施地点和时间以及获取招标文件的办法等事项。

第十七条 招标人采用邀请招标方式的，应当向三个以上具备承担招标项目的能力、资信良好的特定的法人或者其他组织发出投标邀请书。投标邀请书应当载明本法第十六条第二款规定的事项。

第十九条 招标人应当根据招标项目的特点和需要编制招标文件。招标文件应当包括招标项目的技术要求、对投标人资格审查的标准、投标报价要求和评标标准等所有实质性要求和条件以及拟签订合同的主要条款。

国家对招标项目的技术、标准有规定的，招标人应当按照其规定在招标文件中提出相应要求。

招标项目需要划分标段、确定工期的，招标人应当合理划分标段、确定工期，并在招标文件中载明。

第四十一条 中标人的投标应当符合下列条件之一：

1）能够最大限度地满足招标文件中规定的各项综合评价标准；

2）能够满足招标文件的实质性要求，并且经评审的投标价格最低；但是投标价格低于成本的除外。

（2）《建设工程质量管理条例》。

第十一条　建设单位应当将施工图设计文件报县级以上人民政府建设行政主管部门或者其他有关部门审查。施工图设计文件审查的具体办法，由国务院建设行政主管部门会同国务院其他有关部门制定。施工图设计文件未经审查批准的，不得使用。

第十三条　建设单位在领取施工许可证或者开工报告前，应当按照国家有关规定办理工程质量监督手续。

第十六条　建设单位收到建设工程竣工报告后，应当组织设计、施工、工程监理等有关单位进行竣工验收。

建设工程竣工验收应当具备下列条件：

1）完成建设工程设计和合同约定的各项内容；

2）有完整的技术档案和施工管理资料；

3）有工程使用的主要建筑材料、建筑构配件和设备的进场试验报告；

4）有勘察、设计、施工、工程监理等单位分别签署的质量合格文件；

5）有施工单位签署的工程保修书。建设工程经验收合格的，方可交付使用。

（3）《监理规范》。

1）项目监理机构应按下列程序进行竣工结算。

①承包单位按施工合同规定填报竣工结算报表；

②专业监理工程师审核承包单位报送的竣工结算报表；

③总监理工程师审定竣工结算报表，与建设单位、承包单位协商一致后，签发竣工结算文件和最终的工程款支付证书报建设单位。

④项目监理机构应依据施工合同有关条款、施工图，对工程项目造价目标进行风险分析，并应制定防范性对策。

⑤总监理工程师应从造价、项目的功能要求、质量和工期等方面审查工程变更的方案，并宜在工程变更实施前与建设单位、承包单位协商确定工程变更的价款。

⑥专业监理工程师应及时建立月完成工程量和工作量统计表，对实际完成量与计划完成量进行比较、分析，制定调整措施，并应在监理月报中向建设单位报告。

⑦专业监理工程师应及时收集、整理有关的施工和监理资料，为处理费用索赔提供证据。

⑧未经监理人员质量验收合格的工程量，或不符合施工合同规定的工程量，监理人员应拒绝计量和该部分的工程款支付申请。

2）项目监理机构应按下列程序处理工程变更。

①设计单位对原设计存在的缺陷提出的工程变更，应编制设计变更文件；建设单位或承包单位提出的工程变更，应提交总监理工程师，由总监理工程师组织专业监理工程师审查。审查同意后，应由建设单位转交原设计单位编制设计变更文件。当工程变更涉及安全、环保等内容时，应按规定经有关部门审定。

②项目监理机构应了解实际情况和收集与工程变更有关的资料。

③总监理工程师必须根据实际情况、设计变更文件和其他有关资料，按照施工合同的有关条款，在指定专业监理工程师完成下列工作后，对工程变更的费用和工期作出评估：

确定工程变更项目与原工程项目之间的类似程度和难易程度；确定工程变更项目的工程量；确定工程变更的单价或总价。

④总监理工程师应就工程变更费用及工期的评估情况与承包单位和建设单位进行协调。

⑤总监理工程师签发工程变更单。工程变更单应包括工程变更要求、工程变更说明、工程变更费用和工期、必要的附件等内容，有涉及变更文件的工程变更应附变更文件。

⑥项目监理机构应根据工程变更单监督承包单位实施。

3）项目监理机构处理工程变更应符合下列要求：

①项目监理机构在工程变更的质量、费用和工期方面取得建设单位授权后，总监理工程师应按施工合同规定与承包单位进行协商，经协商达成一致后，总监理工程师应将协商结果向建设单位通报，并由建设单位与承包单位在变更文件上签字；

②在项目监理机构未能就工程变更的质量、费用和工期方面取得建设单位授权时，总监理工程师应协助建设单位和承包单位进行协商，并达成一致；

③在建设单位和承包单位未能就工程变更的费用等方面达成协议时，项目监理机构应提出一个暂定的价格，作为临时支付工程进度款的依据。该项工程款最终结算时，应以建设单位和承包单位达成的协议为依据；

④在总监理工程师签发工程变更单之前，承包单位不得实施工程变更。

⑤未经总监理工程师审查同意而实施的工程变更，项目监理机构不得予以计量。

4）施工阶段的监理资料应包括下列内容：

①施工合同文件及委托监理合同；②勘察设计文件；③监理规划；④监理实施细则；⑤分包单位资格报审表；⑥设计交底与图纸会审会议纪要；⑦施工组织设计（方案）报审表；⑧工程开工/复工报审表及工程暂停令；⑨测量核验资料；⑩工程进度计划；⑪工程材料、构配件、设备的质量证明文件；⑫检查试验资料；⑬工程变更资料；⑭隐蔽工程验收资料；⑮工程计量单和工程款支付证书；⑯监理工程师通知单；⑰监理工作联系单；⑱报验申请表；⑲会议纪要；⑳来往函件；㉑监理日记；㉒监理月报；㉓质量缺陷与事故的处理文件；㉔分部工程、单位工程等验收资料；㉕索赔文件资料；㉖竣工结算审核意见书；㉗工程项目施工阶段质量评估报告等专题报告；㉘监理工作总结。

（4）《合同法》。

第二百七十二条　发包人可以与总承包人订立建设工程合同，也可以分别与勘察人、设计人、施工人订立勘察、设计、施工承包合同。发包人不得将应当由一个承包人完成的建设工程肢解成若干部分发包给几个承包人。

总承包人或者勘察、设计、施工承包人经发包人同意，可以将自己承包的部分工作交由第三人完成。第三人就其完成的工作成果与总承包人或者勘察、设计、施工承包人向发包人承担连带责任。承包人不得将其承包的全部建设工程转包给第三人或者将其承包的全部建设工程肢解以后以分包的名义分别转包给第三人。

禁止承包人将工程分包给不具备相应资质条件的单位。禁止分包单位将其承包的工程再分包。建设工程主体结构的施工必须由承包人自行完成。

第二百七十四条　勘察、设计合同的内容包括提交有关基础资料和文件（包括概预算）的期限、质量要求、费用以及其他协作条件等条款。

第二百七十五条　施工合同的内容包括工程范围、建设工期、中间交工工程的开工和竣工时间、工程质量、工程造价、技术资料交付时间、材料和设备供应责任、拨款和结算、竣工验收、质量保修范围和质量保证期、双方相互协作等条款。

（5）《建设工程价款结算暂行办法》。

第十条　工程设计变更价款调整：

1）施工中发生工程变更，承包人按照经发包人认可的变更设计文件，进行变更施工，其中，政府投资项目重大变更，需按基本建设程序报批后方可施工。

2）在工程设计变更确定后 14 天内，设计变更涉及工程价款调整的，由承包人向发包人提出，经发包人审核同意后调整合同价款。变更合同价款按下列方法进行：

合同中已有适用于变更工程的价格，按合同已有的价格变更合同价款；

合同中只有类似于变更工程的价格，可以参照类似价格变更合同价款；

合同中没有适用或类似于变更工程的价格，由承包人或发包人提出适当的变更价格，经对方确认后执行。如双方不能达成一致的，双方可提请工程所在地工程造价管理机构进行咨询或按合同约定的争议或纠纷解决程序办理。

3）工程设计变更确定后 14 天内，如承包人未提出变更工程价款报告，则发包人可根据所掌握的资料决定是否调整合同价款和调整的具体金额。重大工程变更涉及工程价款变更报告和确认的时限由发承包双方协商确定。

收到变更工程价款报告一方，应在收到之日起 14 天内予以确认或提出协商意见，自变更工程价款报告送达之日起 14 天内，对方未确认也未提出协商意见时，视为变更工程价款报告已被确认。

确认增（减）的工程变更价款作为追加（减）合同价款与工程进度款同期支付。

第十三条　工程进度款结算与支付应当符合下列规定：

1）工程进度款结算方式。

按月结算与支付。即实行按月支付进度款，竣工后清算的办法。合同工期在两个年度以上的工程，在年终进行工程盘点，办理年度结算。

分段结算与支付。即当年开工、当年不能竣工的工程按照工程形象进度，划分不同阶段支付工程进度款。具体划分在合同中明确。

2）工程量计算。

承包人应当按照合同约定的方法和时间，向发包人提交已完工程量的报告。发包人接到报告后 14 天内核实已完工程量，并在核实前 1 天通知承包人，承包人应提供条件并派人参加核实，承包人收到通知后不参加核实，以发包人核实的工程量作为工程价款支付的依据。发包人不按约定时间通知承包人，致使承包人未能参加核实，核实结果无效。

发包人收到承包人报告后 14 天内未核实完工程量，从第 15 天起，承包人报告的工程量即视为被确认，作为工程价款支付的依据，双方合同另有约定的，按合同执行。

对承包人超出设计图纸（含设计变更）范围和因承包人原因造成返工的工程量，发包人不予计量。

3）工程进度款支付。

根据确定的工程计量结果，承包人向发包人提出支付工程进度款申请，14 天内，发包人应按不低于工程价款的 60%，不高于工程价款的 90% 向承包人支付工程进度款。按约定时间发包人应扣回的预付款，与工程进度款同期结算抵扣。

发包人超过约定的支付时间不支付工程进度款，承包人应及时向发包人发出要求付款的通知，发包人收到承包人通知后仍不能按要求付款，可与承包人协商签订延期付款协议，经承包人同意后可延期支付，协议应明确延期支付的时间和从工程计量结果确认后第 15 天起计算应付款的利息（利率按同期银行贷款利率计）。

发包人不按合同约定支付工程进度款，双方又未达成延期付款协议，导致施工无法进行，承包人可停止施工，由发包人承担违约责任。

第十四条　工程完工后，双方应按照约定的合同价款及合同价款调整内容以及索赔事项，进行工程竣工结算。

1）工程竣工结算方式。工程竣工结算分为单位工程竣工结算、单项工程竣工结算和建设项目竣工总结算。

2）工程竣工结算编审。单位工程竣工结算由承包人编制，发包人审查；实行总承包的工程，由具体承包人编制，在总包人审查的基础上，发包人审查。

单项工程竣工结算或建设项目竣工总结算由总（承）包人编制，发包人可直接进行审查，也可以委托具有相应资质的工程造价咨询机构进行审查。政府投资项目，由同级财政部门审查。单项工程竣工结算或建设项目竣工总结算经发、承包人签字盖章后有效。

承包人应在合同约定期限内完成项目竣工结算编制工作，未在规定期限内完成的并且提不出正当理由延期的，责任自负。

3）工程竣工结算审查期限。单项工程竣工后，承包人应在提交竣工验收报告的同时，向发包人递交竣工结算报告及完整的结算资料，发包人应按表 1-1 规定时限进行核对（审查）并提出审查意见。

建设项目竣工总结算在最后一个单项工程竣工结算审查确认后 15 天内汇总，送发包人后 30 天内审查完成。

4）工程竣工价款结算。发包人收到承包人递交的竣工结算报告及完整的结算资料后，应按本办法规定的期限（合同约定有期限的，从其约定）进行核实，给予确认或者提出修改意见。发包人根据确认的竣工结算报告向承包人支付工程竣工结算价款，保留 5% 左右的质量保证（保修）金，待工程交付使用一年质保期到期后清算（合同另有约定的，从其约定），质保期内如有返修，发生费用应在质量保证（保修）金内扣除。

5）索赔价款结算。发承包人未能按合同约定履行自己的各项义务或发生错误，给另一方造成经济损失的，由受损方按合同约定提出索赔，索赔金额按合同约定支付。

6）合同以外零星项目工程价款结算。发包人要求承包人完成合同以外零星项目，承包人应在接受发包人要求的 7 天内就用工数量和单价、机械台班数量和单价、使用材料和金额等向发包人提出施工签证，发包人签证后施工，如发包人未签证，承包人施工后发生争议的，责任由承包人自负。

第十五条　发包人和承包人要加强施工现场的造价控制，及时对工程合同外的事项如实纪录并履行书面手续。凡由发承包双方授权的现场代表签字的现场签证以及发承包双方协商确定的索赔等费用，应在工程竣工结算中如实办理，不得因发、承包双方现场代表的中途变更改变其有效性。

第十六条　发包人收到竣工结算报告及完整的结算资料后，在本办法规定或合同约定期限内，对结算报告及资料没有提出意见，则视同认可。

承包人如未在规定时间内提供完整的工程竣工结算资料，经发包人催促后 14 天内仍未提供或没有明确答复，发包人有权根据已有资料进行审查，责任由承包人自负。

根据确认的竣工结算报告，承包人向发包人申请支付工程竣工结算款。发包人应在收到申请后 15 天内支付结算款，到期没有支付的应承担违约责任。承包人可以催告发包人支付结算价款，如达成延期支付协议，承包人应按同期银行贷款利率支付拖欠工程价款的利息。如未达成延期支付协议，承包人可以与发包人协商将该工程折价，或申请人民法院将该工程依法拍卖，承包人就该工程折价或者拍卖的价款优先受偿。

第十七条　工程竣工结算以合同工期为准，实际施工工期比合同工期提前或延后，发承包双方应按合同约定的奖惩办法执行。

(6)《电力发、送、变电工程基本建设项目竣工决算报告编制办法（试行）》。

5.1.2　审查的方法和内容

(1) 以施工合同为主线建立建筑工程合同台账。

(2) 审核施工合同的订立是否符合招投标的相关规定。

(3) 审核合同价款调整、变更的审批程序及价款的确定是否符合相关规定。

(4) 出具合同价款调整、变更审计验证表。

(5) 审查总监理工程师对竣工结算报告审核后编写的竣工结算审核意见书。工程结算审核意见书应包含：施工单位出具的工程竣工报告；勘察、设计单位出具的工程质量检查报告；监理单位出具的工程质量评估报告；监督机构出具的工程质量监督报告。

(6) 审核竣工结算：

竣工结算价 ＝（原始）合同价款 ＋ 合同价款调整 ＋ 合同价款变更 ＋ 索赔

(7) 出具竣工结算审计验证表。建立工程价款支付明细账，标明工程进度。

5.2　工程竣工决算审查的程序、实施、重点及报告

5.2.1　审查程序

基本建设工程竣工财务决算审核程序具有三个基本特征：①属于财政部门审查性质要体现财政审查的要求；②审核实施与审核处理、审核报告三者紧密结合；③委托方式具有特殊性。具体程序分述如下。

1. 审查委托

(1) 财政授权项目审核任务。凡是政府投资或是国有资产形成的基本建设工程项目的竣工财务决算审核，统一由财政部门安排审核任务，指定一家编制（或审核）单位实施，然后办理委托手续。这是因为财政部门是政府投资和国有资产形成的基本建设工程的财务

主管单位，它代表政府行使财政财务监管的职能，是投资性质所决定的。

（2）授权业务委托。建设单位根据财政部门指定且具有审查资格的编制（或审核）单位，与之签订"业务约定书"明确双方的责任和工作要求，商定审核费用。

2. 审查准备

编制（或审查）单位接受业务委托后，即进入审核准备阶段，着手开展如下工作。

（1）成立审核小组，提出审核人员名单，确定主审人员。

（2）调查了解工程项目的基本情况：工程进度、项目管理、财务收支及账务处理等，摸清被审核单位的条件是否已经具备。

（3）探测工程建设中的主要问题，特别是财务相关事项。

（4）向建设单位提出审核所需资料（可以列出清单交建设单位）。

（5）分析情况，拟订审核计划，明确审核目标、实施的方法、步骤、人员分工、审核应掌握的重点问题，以及时间安排等。

（6）与建设单位联系确定具体实施时间、方法。

3. 审查实施

实施方式通常是就地实施，也可以送达审核。就地实施方式下需要做好的工作。

（1）取得审核资料，主要是：①综合性资料；②会计资料（账册、凭证、报表）；③书面情况介绍，可以结合听取口头介绍。

（2）踏勘工程项目竣工状况，了解完工工程实体、竣工验收的资产状态。

（3）综合性资料审查。对项目建议书、可行性研究报告、扩初设计、批准总投资概算、招投标方式、施工、监理、开工、竣工及工程验收、设施试运行等相关资料进行符合性审查，查明工程项目履行基本建设程序是否规范、合理，存在什么问题。

（4）审查会计账目，对工程项目全部财务收支全过程审核逐项审查建设成本、资金来源（拨款贷款和其他来源）、债权、债务、设备材料采购（收进、付出、结存）、工程价款结算、工程结余资金及竣工财务决算办理情况，查明财务处理的法规、政策依据、会计核算是否真实、准确，资金、财产是否账实一致，在财务上有哪些该处理和调账的问题。

（5）实物测试，核查库存情况，包括货币资金（银行存款、现金）库存设备、器材的账面数与实存数是否一致，发现差异，查明原因，结合检查内部控制制度执行情况，账控物是否严密，手续制度是否完备。

（6）检查财务决算应办未办事项，有无财务收支已发生而未进账，账实差异及坏账损失未处理，尚有的尾工工程，待清理的账款及悬案等待处理的财务事项。

（7）竣工财务决算报表的审核。对已编制的竣工财务决算报表及文字说明，进行账与表数字稽核，表表之间勾稽关系的复查，建设成本分配与交付使用资产成本计算的审核及文字说明内容的合理性与完整性的审查，尚未编制竣工财务决算报表的则审核财务决算日的资金平衡表。

（8）汇总审核工作底稿，分类汇集审核资料。按照审核程序将各类工作底稿分类汇总，归集审核发现的问题，检查审核证据是否充分齐全，问题是否查清，主审人审阅提出意见。

（9）整理反馈材料。将审核实施结果整理成书面汇报材料，能够反映工程项目总体状况和审核发现的问题，初拟出处理意见。

4. 审核反馈

将审核实施结果向授权机关和业务委托单位如实反馈情况，听取意见，便于进一步扩大审核成果妥善处理问题。

（1）向财政部门口头汇报审核情况和发现的问题，并提出初步处理意见，听取财政部门看法，商酌有关问题的处理，必要时再征求建设单位主管部门、税务机关的意见，做好政策咨询等工作。

（2）向建设单位反馈审核结果，听取建设单位的认定和否定意见，发现与事实还有出入的问题，进一步核实情况取足证据，得出最终结论。

5. 审核处理

在反馈和复查的基础上，取得建设单位认同后，落实有关问题的处理。

（1）财务事项的处理：①尚未进账的成本费用；②不属于工程项目列支的费用；③需要补办审批手续的财务事项；④账实差异，盘盈盘亏；⑤悬宕账款；⑥缺口资金（尚未到位的投资）；⑦债权债务；⑧涉税事项；⑨其他。按照相关法规、政策进行调整。

（2）会计账务的调整：①与财务处理相关的账项调整，按处理结果调账；②成本费用项目之间的账项调整，包括一级账户和明细账户发生额的调整；③其他账户发生额、余额调整。

（3）审核竣工财务决算报表。

1）建设单位根据审核处理后的账簿记录，编制（或调整）项目竣工财务决算报表和文字说明，审核小组予以指导、帮助。

2）审核小组审核竣工财务决算报表。

6. 审核报告

（1）审核小组整理、起草审核报告，集体讨论定稿。

（2）编制（或审核）单位复核、审定审核报告，经专人负责复核后提交所领导人审定。

（3）向授权机关和委托单位提出审核报告。

（4）将本项目档案资料组卷立档、保存。

5.2.2　审查报告

1. 使用要求

工程竣工财务决算审核报告不同于注册会计师执业中的会计报表审核报告，由于用途的不同，报告的形式、内容、结构也有不同要求，使用者对报告的需求主要是：①能够反映工程总体财务状况（投资及其使用结果，财务收支与建设成本形成，工程概算、预算的执行等）；②较为详细地反映审核发现的问题与处理意见；③提出投资效益评价与建议。

2. 报告形式

在实际工作中，通常采用的报告格式有两种，一种是详式审核报告，以正文详细表述报告内容，并以附件补充报告内容；另一种是简式审核报告，以正文概要叙述报告内容，而以附件详细补充报告内容，根据需要分别采用。

现以详式审核报告为例，介绍如下。

报告名称（标题）

关于××　（建设单位）××　工程项目竣工财务决算的审核报告

3. 报告结构

（1）范围段：（引言）表述委托关系与审核责任、审核依据，审核实施时间、范围及方法步骤等。

（2）工程概况段：工程项目的立项审批、勘察设计、扩初批复、资金筹集、土地征用（拆迁）、招投标方式、工程施工、监理、开工与交工、竣工验收、工程质量鉴定、工程管理、竣工财务决算的组织、编制等说明。

（3）审查结果段：①建设总成本的审定、建安投资、设备投资、待摊投资、其他投资分项列出送审数、核增数、核减数、审定数、简要叙述审核调整的处理意见；②投资来源的审定：按实际投入分项列出账面数、调整数、审定数、详述调整内容；③财务决算日相关资产、负债的审定：项目结余资金账面余额、调整数、审定数，详述调整内容；④批准概算执行结果的审定：列出概算数，超支或节约数增减，分析主要原因；⑤技术经济定额考核审定：以概算指标与实际对照，列出定额数实绩数增减数；⑥重大问题分析说明。

（4）意见段：①审核评价与建议：投资管理绩效评价、项目投资效益评价；②待处理遗留问题披露；③建议意见。

4. 报告附件

根据报告表述内容确定。详式审核报告的一般附件，有以下几种：①审定的竣工财务决算表（或资金平衡表）；②会计调账分录表；③不合规票据清单；④涉税事项表；⑤待摊投资审定表；⑥建设单位管理费审定表；⑦其他。

5. 简式审核报告与详式审核报告的主要区别

简式审核报告的正文扼要叙述项目审核结果，作简要明了的报告，让报告使用者对项目审核结果有概要的了解，而具体情况和问题以附件形式表述，可以分成若干名称的附件，例如：建设总成本构成情况说明、审核调整事项说明、投资来源说明、工程概算、预算执行结果说明等。

简式审核报告与详式审核报告比较，简式审核报告是正文简单而附件详细，详式审核报告是正文详细而附件简单，撰写方法上各有所长，随使用需要而定。

6. 撰写审核报告应注意的问题

（1）报告形式的选择，因项目情况而定，不必强求一致，还需通过实践探索取得经验，力求形式完善，方便报告使用者易看、易懂、易用。

（2）报告用词、用语要通俗易懂，简洁明了，叙述层次清楚，内容写实为主，尽量少用或不用难以理解的专业术语，适应报告使用者的要求。

（3）披露情况和问题讲究实质量于形式，观点明确不含糊其事，充分把握事实，点明性质，涉及财政投资违法违纪问题要如实反映按明文规定处理。

（4）审查建议要有的放矢，切合实际有针对性，便于采纳应用见实效。

（5）审查报告阐述的内容相关数据要与建设单位编报的项目竣工财务决算报表及文字说明一致，审查发现的问题必须在审核报告提交前处理完毕。

5.2.3　审查重点

审查重点是审查必须关注的主要内容，也是审查质量控制的关键所在，每个项目有不同的审核重点，根据项目实际情况确定，通常情况下应当掌握的重点问题有以下几点。

1. 工程建设总成本

如何确认工程建设成本，是审核的第一目标。

（1）审查的范围。包括建安投资、设备投资、待摊投资和其他投资。

（2）审查依据。以批准概算为准，各种费用按概算口径确定，没有列入概算的成本费用要查明原因慎重审定。

（3）费用界限。必须是本项目实际发生的成本费用，否则应予剔除。

（4）成本项目归集。以会计制度规定为准，归集不当的逐项调账。

（5）成本费用完整性。财务决算日止各项成本费用实际发生数是否已归集齐全（对外投资，被没收财物，支付的罚金、滞纳金、违约金、赔偿金以及捐赠、赞助费不能进成本）。

（6）确认建设总成本明细科目发生额同时确认其对应账户发生额。

2. 建筑安装成本

建筑安装成本是建设总成本的主要构成之一，问题多发区域，需特别关注。

（1）工程造价确认，一般以工程造价审计的审定数为准，但也需进行复查认定，发现造价审计有不实之处可以重新审定。

（2）未经造价审计而直接进成本的建安支出要列出清单，待办审计手续后再认定，少量小额土建费用的认定可以不受此限。

（3）单项工程造价需账内、账外同时审查，防止已完工未审计而不进账的情况发生。

（4）结合施工、监理合同有关条款审查，关注工程款结算和附加条件执行（如奖励、投资等）。

3. 借款利息资本化

（1）列支范围：概算中规定有银行借款，又是本项目实际使用的借款发生的利息支出。

（2）统贷统用的借款进入本项目的利息，先查明分摊标准是否合理，以及本项目实际占用的借款额度与时间，再确认支出数。

（3）资本化截止时限，项目批准筹建开始，至工程交付使用时止，最长不超过竣工验收后三个月，超过时限的报财政审批同意。

（4）不属于本项目使用的借款利息一律剔除，延期还款的罚息、滞纳金不能列支，特殊情况发生的借款先审核后慎重确认。

（5）银行存款利息不作收入，冲减利息支出。

4. 建设单位管理费

（1）真实性审查，确认账面发生的管理费是本项目使用的实际费用，剔除应由行政（生产）负担的管理费，属于待摊投资的其他项目开支的应予转出。

（2）控制标准按财政部〔2002〕394号文件规定，分档计算，业务招待费为管理总额的10％之内，对照标准划出超支或节约数，分析原因，超支部分需报经财政部门认可才能列支。

（3）实行新项目新办法，老项目老办法，即2002年10月1日以前的工程项目按原财政部〔1998〕4号文件执行。

（4）管理费发生时限为从项目筹建之日起至办理竣工财务决算之日止（竣工财务决算日与竣工验收交付使用日一致）。

5. 收纳不合规票据

常见的不合规票据有：①工程器材采购凭不合规票据付款、汇款；②建筑安装工程结算中有外地建安发票；③本地施工单位等结算价款使用收款收据；④商品购入发票不合规（万元版开10万元以上）造成税收流失。

（1）在建安成本审核中逐笔清查建筑安装发票，非本地发票详细列出清单（单位、工程项目、结算总额、缺发票金额）。

（2）在设备投资审核中注意采购金额与发票金额是否一致，尚缺器材发票的详细扎录。

（3）按不合规票据应纳税金计算涉税金额。

（4）确定期限（一般为发现之日起十五天内）由建设单位向对方换取合规票据，逾期不能换取或索取的应由建设单位（票据收受者）负责补税、罚款（不能进入成本）。

（5）实行"后检查"，即在竣工财务决算之后，审核单位检查不合规票据落实情况。

6. 工程价款结算

（1）审核依据主要是绍市财基〔1998〕236号文规定，实际执行中存在的主要问题是什么。

（2）审核方法：将建安工程分项目和结算对象列出工程价款结算数（应付、已付、未付、应扣、欠付）清理有关账户发生额、余额；征询、核对账户余额，取得证明；发现差错或重复支付的查明原因加以纠正。

（3）对照合同条款，有无遗漏的结算事项。

（4）建安投资、不合规票据、工程价款结算三者结合一起连贯检查，有甲供材料、代垫水电费的要同时扣收甲供材料、水电费款项。

（5）检查工程价款结算制度上的经验、教训。

7. 印花税及其他税金

特别关注印花税漏交。

（1）清查各类经济合同（施工、监理、设计、供货）应交未交的印花税。

（2）清查工程收入（房租、出借资金利息收入、罚款、赔偿金收入等）应交未交的营业税、所得税。

（3）列出涉税事项清单计算应交税金，提出缴款期限。

8. 甲供材料、水电费结算

甲供材料、水电费结算建设单位容易忽视的环节。

（1）查甲供材料收、发、存管理制度，在哪里存在薄弱环节。

（2）稽核甲供材料收入、领用、库存数，核对施工单位收取，扣回数，如有出入，查明数量金额，提出处理意见。

（3）水电费实际代付数与扣回数之差额按合同规定处理。

（4）工程价款结算的发票金额应包括甲供材料、水电费、少开漏开的要补足发票金额。

（5）甲供材料收付不建账的需由建设单位采取补救措施进行清理后再作审核，先查明建设单位与施工单位之间的结算往来，再审查建设单位甲供材料的账务处理，核实建设成本。

9. 长期悬宕账款

是指不能落实债权的应收款项，未处理的物资报损和坏账损失，以及报废工程占用资金等。

（1）从账面数入手，逐笔审查，逆向追溯原因，查明数量金额，落实责任。

（2）属于经办人员或施工单位责任的留置账面继续追究和回收账款，确实无法追究单位和个人责任的损失，报经财政或主管部门批准列作待摊投资。

10. 尾工工程与或有性支出

（1）尾工工程进成本数根据项目投资总概算的 5% 掌握，超过 5% 的不能办理竣工财务决算。

（2）进成本的尾工工程支出，应有概算内容和具体支付项目，经审核确认需实际支付的款项。

（3）或有性支出是指现时还难以确定的成本费用，没有确切的政策依据和计算依据原不能以"预提费用"名义进入成本，此类费用一般应予剔除。

11. 试运行期费用列支

（1）试运期时间确认，根据批准的项目设计文件规定，引进设备的试运期按合同规定，超过期限并已符合验收条件的视同投产。

（2）经过核实的试运期成本费用减除产品销售净收入后的差额作增加或冲减建设成本，列入负荷联合试车费。

（3）试运行成本费用的收入与支出另行单独设账的应作延伸检查。

12. 拆迁补偿费

要特别关注基础设施大中型项目的拆迁补偿费。在审核方法上：

（1）要熟悉拆迁补偿的政府政策及本项目有关规定，拆迁补偿合同，明确拆迁补偿的具体项目内容、支付标准、期限等。

（2）有安置房补偿的查清安置房购入面积（套数/平方）金额，安置分配的面积（套数/平方）金额，超面积部分处理面积（套数/平方）金额，以及与安置相关费用（补贴）支出，应支付数与已支付数，结出未支付数。

（3）安置拆迁由专职机构负责拆迁费用另列账目的，拆迁安置补偿费列支应作延伸审核，项目承担部分有无出入。

（4）拆迁补偿有遗留问题的查明情况和原因，提出合理介定项目应承担的费用。

（5）发现疑点，把握实质性问题，深入取证，及时汇报。

13. 工程项目混合建账

按照财政部财建〔2003〕724号文规定"一个建设单位同时承建多个建设项目，根据基本建设有关规定，每个基本建设项目都必须单独建账，单独核算"，但是，一些建设单位常常是混合建账，统一核算，分不清资金来源，使竣工财务决算发生困难。在遇到部分项目已竣工，部分项目继续在建的情况下，如何办理已竣工项目的财务决算，要视账务运作的具体情况而定，方法上可以先查明竣工财务决算项目的成本费用，交付使用资产及其相关资产、负债、并做好调账处理，然后相应地确定本项目投资来源，从总账到明细账双向分割出本项目的资金占用和资金来源，产生本项目决算日资金平衡表，在建设单位确认之后，再进行竣工财务决算审核，同时关注在建项目账实、账账的一致性、真实性，对今后的核算方法如何改进提出意见。

14. 投资概算执行结果考核

审核报告上需要反映批准概算的执行情况。

（1）首先查明概算批准数、投资来源的批准数、工程面积（数量）设备项目及其他。

（2）根据工程竣工验收及财务决算确定概算计划执行结果，计算超支的面积、金额、比率，节约的面积、金额、比率。

（3）分析超支或节约的主要原因：①规模改变的因素；②投资结构变动因素；③成本费用单价变动因素。

（4）实际投资来源与批准数对比：①投资者的变动；②投资额的变动；③超支是否增加投资。

（5）审核处理方法：①实事求是地恰如其分的评价；②少量超支（5%～10%）一般予以认可，超支幅度较大应在上报财务决算前，报请计划审批部门追加审批；③同时落实缺口资金。

5.2.4 工程竣工决算审查实例（×××市×××区第二实验小学操场运动场维修及电力改造工程）

（本实例与前面决算预审实例相一致）

分部分项工程量清单对比表

工程名称：×××市×××区第二实验小学操场运动场维修及电力改造工程

序号	项目编码	项目名称	单位	施工单位报送			审核			审核结果	
				工程量	综合单价	合计	工程量	综合单价	合计	核增金额	核减金额
		部分运动场地维修改造									
1	010101001002	平整场地	m²	195.8	7.36	1441.09	195.8	7.36	1441.09		
2	010501004001	现浇混凝土地面	m³	39.16	503.55	19719.02	10.34	503.55	5206.71		−14512.31
3	011103002001	橡胶板卷材楼地面	m²	195.8	161.25	31572.75	195.8	161.25	31572.75		
4	011201004001	立面砂浆找平层	m²	16.8	31.6	530.88	14.18	31.6	448.09		−82.79
5	010804004001	防护网	m²	65	1513.1	98351.5	65	1513.1	98351.5		
6	050305010001	室外木质座椅	个	10	5389.08	53890.8	10	5383.06	53830.6		−60.2
7	01B001	沙坑	项	1	16585	16585	1	16585	16585		
8	010401003002	实心砖墙	m³	1	1116.5	1116.5	0.78	1116.5	870.87		−245.63
		分部小计				223207.54			208306.61		−14900.93
		新建领操台工程									
9	010101001001	平整场地	m²	48.88	7.36	359.76	35.64	7.36	262.31		−97.45
10	010101003001	挖沟槽土方	m³	42.44	31.75	1347.47	42.44	31.75	1347.47		
11	010103001001	回填方	m³	18.4	120.14	2210.58	18.4	120.14	2210.58		
12	010103002001	余方弃置	m³	35.2	1.86	65.47	12.68	1.86	23.58		−41.89
13	010401001001	砖基础	m³	30.78	702.71	21629.41	10.49	702.71	7371.43		−14257.98
14	010401003001	实心砖墙	m³	20.52	761.25	15620.85	19.73	761.25	15019.46		−601.39
15	010501001001	垫层	m³	3.68	441.91	1626.23	0.87	441.91	384.46		−1241.77
16	011107001001	石材台阶面	m²	1.8	402.22	724	1.62	402.22	651.6		−72.4

续表

序号	项目编码	项目名称	单位	施工单位报送			审核			审核结果	
				工程量	综合单价	合计	工程量	综合单价	合计	核增金额	核减金额
17	920102001001	块料面层楼地面拆除	m²	35.2	195.65	6886.88	34.02	195.69	6657.37		-229.51
18	011101001001	水泥砂浆楼地面	m²	35.2	23.55	828.96	34.02	23.55	801.17		-27.79
19	011102001001	石材楼地面	m²	35.2	262	9222.4	34.02	262	8913.24		-309.16
20	011201001001	墙面一般抹灰	m²	20.48	2.5	51.2	10.04	2.5	25.1		-26.1
21	011206003001	腰线	m²	5.12	328.08	1679.77	5.12	328.08	1679.77		
22	011204003001	块料墙面	m²	17.92	148.21	2655.92	10.04	148.21	1488.03		-1167.89
23	031001005001	铸铁管	m	19.5	107.78	2101.71	19.5	107.78	2101.71		
24	031201001001	管道刷油	m²	12	46.59	559.08	12	46.59	559.08		
25	050101010001	整理绿化用地	m²	30	7.36	220.8	18.8	7.36	138.37		-82.43
26	050102012001	锚种草皮	m²	30	20.14	604.2	18.8	20.14	378.63		-225.57
27	070302012001	污水井	座	2	13518.65	27037.3	2	13518.65	27037.3		
		分部小计				95431.99			77050.66		-18381.33
		室外电力改造工程									
28	030408001001	电力电缆	m	271.36	121.4	32943.1	271.36	121.4	32943.1		
29	030408003001	电缆保护管	m	26.4	106.34	2807.38	26.4	106.34	2807.38		
30	030408007001	控制电缆头	个	20	133.94	2678.8	20	133.94	2678.8		
31	030408008001	扫墙洞	处	4	110.21	440.84	3	110.21	330.63		-110.21
32	031002001001	管道支架	kg	2654.22	22.01	58419.38	200	22.01	4402		-54017.38
33	030410002001	橾担组装	组	8	335.73	2685.84					-2685.84
34	011701001001	综合脚手架	m²	280	19.59	5485.2	200	19.59	3918		-1567.2
		分部小计				105460.54			47079.91		-58380.63

续表

序号	项目编码	项目名称	单位	施工单位报送			审核			审核结果	
				工程量	综合单价	合计	工程量	综合单价	合计	核增金额	核减金额
		操场照明									
35	03040800200l	控制电缆	m	200	59.42	11884	160	15.98	2556.8		−9327.2
36	030411001001	配管	m	50	36.32	1816	50	36.32	1816		
37	030411002001	金属线槽	m	25	116.11	2902.75	25	116.11	2902.75		
38	030412002001	室外照明灯	套	6	1875.3	11251.8	6	1875.3	11251.8		
		分部小计				27854.55			18527.35		−9327.2
		合 计				451954.62			350964.53		−100990.09

编制人： 审核人： 审定人：

分部分项清单对比表

工程名称：×××市×××区第二实验小学操场运动场维修及电力改造工程　　　　　　　　　　　　　　元　　第1页　共3页

序号	结算送审金额						结算审定金额						调整金额(十一)	备注
	项目编码	项目名称	单位	数量	综合单价	综合合价	项目编码	项目名称	单位	数量	综合单价	综合合价		
		部分运动场地维修改造						部分运动场地维修改造						
1	010101001002	平整场地	m²	195.8	7.36	1441.09	010101001002	平整场地	m²	195.8	7.36	1441.09		
2	010501004001	现浇混凝土地面	m³	39.16	503.55	19719.02	010501004001	现浇混凝土地面	m³	10.34	503.55	5206.71	−14512.31	[调量]
3	011103002001	橡胶板卷材楼地面	m²	195.8	161.25	31572.75	011103002001	橡胶板卷材楼地面	m²	195.8	161.25	31572.75		
4	011201004001	立面砂浆找平层	m²	16.8	31.6	530.88	011201004001	立面砂浆找平层	m²	14.18	31.6	448.09	−82.79	[调量]
5	010804004001	防护网	m²	65	1513.1	98351.5	010804004001	防护网	m²	65	1513.1	98351.5		
6	050305010001	室外木质座椅	个	10	5389.08	53890.8	050305010001	室外木质座椅	个	10	5383.06	53830.6	−60.2	[调价]
7	01B001	沙坑	项	1	16585	16585	01B001	沙坑	项	1	16585	16585		
8	010401003002	实心砖墙	m³	1	1116.5	1116.5	010401003002	实心砖墙	m³	0.78	1116.5	870.87	−245.63	[调量]
		分部小计				223207.54		分部小计				208306.61	−14900.93	−6.68
		新建领操台工程						新建领操台工程						
9	010101001001	平整场地	m²	48.88	7.36	359.76	010101001001	平整场地	m²	35.64	7.36	262.31	−97.45	[调量]
10	010101003001	挖沟槽土方	m³	42.44	31.75	1347.47	010101003001	挖沟槽土方	m³	42.44	31.75	1347.47		
11	010103001001	回填方	m³	18.4	120.14	2210.58	010103001001	回填方	m³	18.4	120.14	2210.58		
12	010103002001	余方弃置	m³	35.2	1.86	65.47	010103002001	余方弃置	m³	12.68	1.86	23.58	−41.89	[调量]
13	010401001001	砖基础	m³	30.78	702.71	21629.41	010401001001	砖基础	m³	10.49	702.71	7371.43	−14257.98	[调量]
14	010401003001	实心砖墙	m³	20.52	761.25	15620.85	010401003001	实心砖墙	m³	19.73	761.25	15019.46	−601.39	[调量]
15	010501001001	垫层	m³	3.68	441.91	1626.23	010501001001	垫层	m³	0.87	441.91	384.46	−1241.77	[调量]
16	011107001001	石材台阶面	m²	1.8	402.22	724	011107001001	石材台阶面	m²	1.62	402.22	651.6	−72.4	[调量]
17	920102001001	块料面层楼地面拆除	m²	35.2	195.65	6886.88	920102001001	块料面层楼地面拆除	m²	34.02	195.69	6657.37	−229.51	[调量·调价]
		本页小计				273678.19						242234.87	−31443.32	

序号	结算送审金额						结算审定金额						调整金额（十一）	备注
	项目编码	项目名称	单位	数量	综合单价	综合合价	项目编码	项目名称	单位	数量	综合单价	综合合价		
18	011101001001	水泥砂浆楼地面	m²	35.2	23.55	828.96	011101001001	水泥砂浆楼地面	m²	34.02	23.55	801.17	-27.79	[调量]
19	011102001001	石材楼地面	m²	35.2	262	9222.4	011102001001	石材楼地面	m²	34.02	262	8913.24	-309.16	[调量]
20	011201001001	墙面一般抹灰	m²	20.48	2.5	51.2	011201001001	墙面一般抹灰	m²	10.04	2.5	25.1	-26.1	[调量]
21	011206003001	腰线	m²	5.12	328.08	1679.77	011206003001	腰线	m²	5.12	328.08	1679.77		
22	011204003001	块料墙面	m²	17.92	148.21	2655.92	011204003001	块料墙面	m²	10.04	148.21	1488.03	-1167.89	[调量]
23	031001005001	铸铁管	m	19.5	107.78	2101.71	031001005001	铸铁管	m	19.5	107.78	2101.71		
24	031201001001	管道刷油	m²	12	46.59	559.08	031201001001	管道刷油	m²	12	46.59	559.08		
25	050101001001	整理绿化用地	m²	30	7.36	220.8	050101001001	整理绿化用地	m²	18.8	7.36	138.37	-82.43	[调量]
26	050102012001	铺种草皮	m²	30	20.14	604.2	050102012001	铺种草皮	m²	18.8	20.14	378.63	-225.57	[调量]
27	070302012001	污水井	座	2	13518.65	27037.3	070302012001	污水井	座	2	13518.65	27037.3		
		分部小计				95431.99						77050.66	-18381.33	-19.26
		室外电力改造工程						室外电力改造工程						
28	030408001001	电力电缆	m	271.36	121.4	32943.1	030408001001	电力电缆	m	271.36	121.4	32943.1		
29	030408003001	电缆保护管	m	26.4	106.34	2807.38	030408003001	电缆保护管	m	26.4	106.34	2807.38		
30	030408007001	控制电缆头	个	20	133.94	2678.8	030408007001	控制电缆头	个	20	133.94	2678.8		
31	030408008001	打墙洞	处	4	110.21	440.84	030408008001	打墙洞	处	3	110.21	330.63	-110.21	[调量]
32	031002001001	管道支架	kg	2654.22	22.01	58419.38	031002001001	管道支架	kg	200	22.01	4402	-54017.38	[调量]
33	030410002001	横担组装	组	8	335.73	2685.84	030410002001	横担组装	组				-2685.84	[删除]
34	011701001001	综合脚手架	m²	280	19.59	5485.2	011701001001	综合脚手架	m²	200	19.59	3918	-1567.2	[调量]
		分部小计				105460.54						47079.91	-58380.63	-55.36
		本页小计				150421.88						90202.31	-60219.57	

序号	结算送审金额						结算审定金额						调整金额（十一）	备注
	项目编码	项目名称	单位	数量	综合单价	综合合价	项目编码	项目名称	单位	数量	综合单价	综合合价		
		操场照明						操场照明						
35	03040800 2001	控制电缆	m	200	59.42	11884	03040800 2001	控制电缆	m	160	15.98	2556.8	-9327.2	[调量、调价]
36	03041100 1001	配管	m	50	36.32	1816	03041100 1001	配管	m	50	36.32	1816		
37	03041100 2001	金属线槽	m	25	116.11	2902.75	03041100 2001	金属线槽	m	25	116.11	2902.75		
38	03041200 2001	室外照明灯	套	6	1875.3	11251.8	03041200 2001	室外照明灯	套	6	1875.3	11251.8		
		分部小计				27854.55						18527.35	-9327.2	-33.49
		本页小计				27854.55						18527.35	-9327.2	
合 计						451954.62						350964.53	-100990.1	

编制人：　　　　　　　审核人：　　　　　　　审定人：

措施项目清单对比表

工程名称：××××市×××区第一实验小学操场运动场维修及电力改造工程　　　　　　　　　　　　　　　　　　元　　第 1 页　共 1 页

序号	项目名称	送审编码					结算审定金额					调整金额	调整比例	备注
		项目编码	单位	数量	综合单价	综合合价	项目编码	单位	数量	综合单价	综合合价	(十一)	(%)	
1	安全文明施工	011707001001	项	1	23546.47	23546.47	011707001001	项	1	18285.23	18285.23	−5261.24	−22.34	
2	环境保护	1.1	项	1	4926.23	4926.23	1.1	项	1	3825.51	3825.51	−1100.72	−22.34	
3	文明施工	1.2	项	1	2621.3	2621.3	1.2	项	1	2035.59	2035.59	−585.71	−22.34	
4	安全施工	1.3	项	1	5739.74	5739.74	1.3	项	1	4457.25	4457.25	−1282.49	−22.34	
5	临时设施	1.4	项	1	10259.2	10259.2	1.4	项	1	7966.88	7966.88	−2292.32	−22.34	
6	夜间施工	011707002001	项	1	0	0	011707002001	项	1	0	0	0	0	
7	夜间施工	011707002001		1	0	0	011707002001		1	0	0	0	0	
	安全文明施工费 其他工程 五环路以外	17-239	%	0	14914.27	0	17-239	%	0	11581.81	0	0	0	
8	非夜间施工照明	011707003001	项	1	0	0	011707003001	项	1	0	0	0	0	
9	二次搬运	011707004001	项	1	0	0	011707004001	项	1	0	0	0	0	
10	冬雨季施工	011707005001	项	1	0	0	011707005001	项	1	0	0	0	0	
11	地上、地下设施、建筑物的临时保护设施	011707006001	项	1	0	0	011707006001	项	1	0	0	0	0	
12	已完工程及设备保护	011707007001	项	1	0	0	011707007001	项	1	0	0	0	0	
13			项	1				项	1					
	合　计					23546.47					18285.23	−5261.24	−22.34	

编制人：　　　　　　　　审核人：　　　　　　　　审定人：

工料机汇总对比表

工程名称：××××市×××区第二实验小学操场运动场维修及电力改造工程

元 第 1 页 共 9 页

序号	材料编码	项目名称	规格、型号	单位	送审			审定			核减	核增	备注
					数量	结算价（元）	合价	数量	结算价（元）	合价			
一		人工											
1	870001	综合工日		工日	35.5581	150	5333.72	3.7258	150	558.87	-4774.85		
2	870001@1	综合工日		工日				19.9784	150	2996.76		2996.76	
3	870001@2	综合工日		工日				0.846	150	126.9		126.9	
4	870002	综合工日		工日	246.6051	150	36990.77		150		-36990.8		
5	870002@1	综合工日		工日				213.34	150	32001		32001	
6	870002@2	综合工日		工日				0.9588	150	143.82		143.82	
7	870003	综合工日		工日	14.5294	150	2179.41	4.7393	150	710.9	-1468.51		
8	870003@2	综合工日		工日				9.23	150	1384.5		1384.5	
9	870004	综合工日		工日	56.855	150	8528.25	52.0715	150	7810.73	-717.52		
10	870005	综合工日		工日	293.4451	150	44016.77	61.6236	150	9243.54	-34773.23		
11	870005@1	综合工日		工日	11.81	145	1712.45		145		-1712.45		
12	870005@2	综合工日		工日				22.38	145	3245.1		3245.1	
13	870007	综合工日		工日	6.2719	150	940.79		150		-940.79		
14	870007@1	综合工日		工日				6.0599	150	908.99		908.99	
15	BCRGF0	沙坑人工费		元	1	500	500	1	500	500			
16	RG0101	综合工日		工日	32.9624	150	4944.36	31.8692	150	4780.38	-163.98		
17	RGFTZ	人工费调整		元	313.968	1	313.97	227.34	1	227.34	-86.63		

序号	材料编码	项目名称	规格、型号	单位	送审			审定			核减	核增	备注
					数量	结算价(元)	合价	数量	结算价(元)	合价			
二		材料											
1	010013	型钢		kg	2760.16	3.67	10129.79	208	3.67	763.36	-9366.43		
2	010014	圆钢	φ10以内	kg	1.6842	3.63	6.11	1.6842	3.63	6.11			
3	010016@1	角钢	63以内	kg	2.9646	6.5	19.27	2.9646	6.5	19.27			
4	010018@1	扁钢	60以内	kg	1.6542	6.5	10.75	1.6542	6.5	10.75			
5	010074	焊接钢管	125	m	27.192	60.3	1639.68	27.192	60.3	1639.68			
6	010117@1	镀锌电线管	25	m	51.5	13.7	705.55	51.5	13.7	705.55			
7	010158	钢套管	143×4.5	m	0.8184	121	99.03		40		-99.03		
8	010158@1	钢套管	143×4.5	m				0.8184	121	99.03		99.03	
9	020001	水泥	(综合)	kg	1641.0066	0.4	656.4	1343.999	0.4	537.6	-118.8		
10	030001	板方材		m³	0.408	2200	897.6		1900		-897.6		
11	030001@1	板方材		m³				0.408	2200	897.6		897.6	
12	030059	圆木		m³	0.07	1280	89.6	0.07	1280	89.6			
13	040025	砂子		kg	5435.6824	0.07	380.5	4544.6595	0.07	318.13	-62.37		
14	040052	天然砂石		kg	7904	0.06	474.24	7904	0.06	474.24			
15	040100	块石、片石		m³	0.4	48.2	19.28	0.4	48.2	19.28			
16	040207	烧结标准砖		块	27104.868	0.58	15720.82	16057.979	0.58	9313.63	-6407.19		
17	040207@1	烧结标准砖		块	535.5	1.2	642.6		0.58		-642.6		
18	040207@2	烧结标准砖		块				417.69	1.2	501.23		501.23	
19	040209	石屑滤料		kg	1192	0.06	71.52	1192	0.06	71.52			

序号	材料编码	项目名称	规格、型号	单位	送审			审定			核减	核增	备注
					数量	结算价（元）	合价	数量	结算价（元）	合价			
20	040225	生石灰		kg	6756.48	0.13	878.34	6756.48	0.13	878.34			
21	060011	大理石板	0.25m² 以内	m²	38.7282	160	6196.51	37.2422	160	5958.75	−237.76		
22	060028@1	碎大理石石料		m²	5.2224	89	464.79	5.2224	89	464.79			
23	060044	釉面砖	0.015m² 以内	m²	14.5869	30	437.61	8.1726	30	245.18	−192.43		
24	090029	镀锌垫圈	8	个	971.5231	0.11	106.87	971.5231	0.11	106.87			
25	090030	镀锌垫圈	10	个	154.26	0.11	16.97	154.26	0.11	16.97			
26	090045	镀锌弹簧垫圈	8	个	485.7615	0.01	4.86	485.7615	0.01	4.86			
27	090084	镀锌锁紧螺母	25	个	7.725	0.62	4.79	7.725	0.62	4.79			
28	090119	镀锌带母螺栓	6×(30~50)	套	24.48	0.21	5.14	24.48	0.21	5.14			
29	090120	镀锌带母螺栓	8×(16~25)	套	485.7615	0.25	121.44	485.7615	0.25	121.44			
30	090124	镀锌带母螺栓	10×(20~35)	套	66.3	0.44	29.17	66.3	0.44	29.17			
31	090125	镀锌带母螺栓	10×(40~60)	套	10.83	0.64	6.93	10.83	0.64	6.93			
32	090133	镀锌带母螺栓	16×(35~60)	套	48.96	1.76	86.17		1.76		−86.17		
33	090138	镀锌带母螺栓	16×250	套	16.32	5.24	85.52		5.24		−85.52		
34	090139	镀锌带母螺栓	16×(275~300)	套	16.32	5.24	85.52		5.24		−85.52		
35	090183	镀锌木螺钉	3×35	个	86.3	0.04	3.45	86.3	0.04	3.45			
36	090208	镀锌电缆卡子		个	366.9873	1.36	499.1	366.9873	1.36	499.1			
37	090234	镀锌铁丝	13#~17#	kg	0.1275	6.55	0.84	0.1275	6.55	0.84			
38	090265	硬质合金锯片		片	0.166	45	7.47	0.1588	45	7.15	−0.32		
39	090273	预埋铁件		kg	71.5	4.1	293.15	71.5	4.1	293.15			

序号	材料编码	项目名称	规格、型号	单位	送审			审定			核减	核增	备注
					数量	结算价(元)	合价	数量	结算价(元)	合价			
40	090290	电焊条	(综合)	kg	155.7947	7.78	1212.08	27.9168	7.78	217.19	-994.89		
41	090490	镀锌垫圈	6	个	24.48	0.15	3.67	24.48	0.15	3.67			
42	090492	镀锌垫圈	16	个	195.84	0.36	70.5		0.36		-70.5		
43	090495	镀锌弹簧垫圈	10	个	77.13	0.03	2.31	77.13	0.03	2.31			
44	090498	镀锌弹簧垫圈	16	个	97.92	0.07	6.85		0.07		-6.85		
45	090538	螺栓及垫片		kg	122.2963	8.13	994.27	9.216	8.13	74.93	-919.34		
46	090599	螺母		kg	54.9378	9.32	512.02	4.14	9.32	38.58	-473.44		
47	090695	镀锌双头螺栓	16×(275~300)	套	8.16	2.94	23.99		2.94		-23.99		
48	091468	镀锌膨胀螺栓	φ6	套	102	1.2	122.4	102	1.2	122.4			
49	100026	橡胶弹性地板		m²	199.716	120	23965.92	199.716	120	23965.92			
50	100035	橡胶板	δ=3~5	kg	13.5354	8.54	115.59	1.02	8.54	8.71	-106.88		
51	100037	橡胶垫	δ=2	m²	1.0583	22.2	23.49	1.0583	22.2	23.49			
52	100321	柴油		kg	67.3591	8.98	604.88	65.2194	8.98	585.67	-19.21		
53	110002	醇酸稀释剂		kg	1.08	11.7	12.64	1.08	11.7	12.64			
54	110003	醇酸防锈漆		kg	3.3468	16.4	54.89	3.3468	16.4	54.89			
55	110016	调合漆		kg	0.0876	12.4	1.09	0.0876	12.4	1.09			
56	110020	防锈漆		kg	0.1062	16.3	1.73	0.1062	16.3	1.73			
57	110034	清油		kg	0.21	19.2	4.03	0.21	19.2	4.03			
58	110046	硬蜡		kg	0.256	19	4.86	0.256	19	4.86			
59	110063	铝油		kg	0.52	8.5	4.42	0.52	8.5	4.42			

序号	材料编码	项目名称	规格、型号	单位	送审			审定			核减	核增	备注
					数量	结算价(元)	合价	数量	结算价(元)	合价			
60	110103	沥青漆		kg	11.088	11.4	126.4	11.088	11.4	126.4			
61	110120	乙炔气		m³	25.1943	28	705.44	2.8384	28	79.48	−625.96		
62	110121	氧气		m³	71.7163	3.6	258.18	9.1148	3.6	32.81	−225.37		
63	110136	防火漆		kg	7.8	18	140.4	7.8	18	140.4			
64	110172	汽油		kg	99.8928	9.44	942.99	99.7048	9.44	941.21	−1.78		
65	110173	汽油	60#~70#	kg	8.0849	7.56	61.12	7.5149	7.56	56.81	−4.31		
66	110174	200 号溶剂汽油		kg	0.8748	6.26	5.48	0.8748	6.26	5.48			
67	110183	CY-401 胶粘剂		kg	88.11	11	969.21	88.11	11	969.21			
68	110525	地面线槽专用密封胶		kg	0.025	19	0.48	0.025	19	0.48			
69	120026	塑料带	20×40	卷	20	5.37	107.4	20	5.37	107.4			
70	140002	混凝土管	φ200	m	8	24.7	197.6	8	24.7	197.6			
71	140014	钢筋混凝土管	φ1000	m	2	320	640	2	320	640			
72	150004	标志牌		个	53.5661	0.5	26.78	51.1661	0.5	25.58	−1.2		
73	150033	油麻		kg	4.485	5.5	24.67	4.485	5.5	24.67			
74	150087	端子号牌		个	240	0.1	24	240	0.1	24			
75	150122	石料切割机片		片	1.4694	8	11.76	0.8233	8	6.59	−5.17		
76	150300	轻型铆栓		个	87.15	0.5	43.58	87.15	0.5	43.58			
77	160048	下水铸铁管	100	m	17.16	32.6	559.42	17.16	32.6	559.42			
78	160074	下水铸铁管接头零件（室内）	100	个	25.9935	17.7	460.08	25.9935	17.7	460.08			

序号	材料编码	项目名称	规格、型号	单位	送审			审定			核减	核增	备注
					数量	结算价（元）	合价	数量	结算价（元）	合价			
79	160111	球胆	100	个	1.092	26	28.39	1.092	26	28.39			
80	280005	电线管管卡子	25	个	42.745	0.35	14.96	42.745	0.35	14.96			
81	280054	塑料护口（电线管）	25	个	7.725	0.23	1.78	7.725	0.23	1.78			
82	280121	铜端子	10	个	25.375	4.84	122.82	25.375	4.84	122.82			
83	280122	铜端子	16	个	40.6	6.78	275.27	40.6	6.78	275.27			
84	280144	电线管接地卡子	25	个	33.475	0.4	13.39	33.475	0.4	13.39			
85	280254	镀锌电线管接头	25	个	8.24	1.51	12.44	8.24	1.51	12.44			
86	290104	热缩帽		只	21.1661	30	634.98	21.1661	30	634.98			
87	300011	镀锌扁钢拉板	65×8×480	根	24.12	2.32	55.96		2.32		-55.96		
88	300029	镀锌角钢横担	63×63×6×2100	根	16.048	69.6	1116.94		69.6		-1116.94		
89	300038	镀锌角钢支撑	50×50×5×910	根	16.048	18.2	292.07		18.2		-292.07		
90	310047	自粘性塑料带	20×20	卷	0.2	3.5	0.7	0.16	3.5	0.56	-0.14		
91	310048	自粘性橡胶带		卷	7.0554	3.57	25.19	7.0554	3.57	25.19			
92	350016	绝缘导线	BV105-2.5	m	12.24	2.13	26.07	12.24	2.13	26.07			
93	350027	绝缘导线	BVR-4	m	4.07	2.88	11.72	4.07	2.88	11.72			
94	350237	接地编织铜线		m	5.625	15	84.38	5.625	15	84.38			
95	370156@1	固端钢丝门		m²	65	1370	89050	65	1370	89050			
96	400005@1	C10预拌混凝土		m³				10.4951	410	4302.99		4302.99	
97	400006	C15预拌混凝土		m³	3.7352	360	1344.67	0.8831	360	317.92	-1026.75		
98	400009	C30预拌混凝土		m³	39.7474	410	16296.43		410		-16296.43		

序号	材料编码	项目名称	规格、型号	单位	送审			审定			核减	核增	备注
					数量	结算价(元)	合价	数量	结算价(元)	合价			
99	400031	抹灰砂浆	DP-MR	m³	0.3629	442	160.4	0.3063	442	135.38	-25.02		
100	400034	DS砂浆		m³	0.711	459	326.35	0.6872	459	315.42	-10.93		
101	400043	胶粘剂	DTA砂浆	m³	0.5099	2200	1121.78	0.4532	2200	997.04	-124.74		
102	400044	嵌缝剂	DTG砂浆	m³	0.0799	5100	407.49	0.0562	5100	286.62	-120.87		
103	400045	界面砂浆	DB	m³	0.0246	459	11.29	0.012	459	5.51	-5.78		
104	400054	砌筑砂浆	DM5.0-HR	m³	5.9826	459	2746.01	5.7017	459	2617.08	-128.93		
105	400055	砌筑砂浆	DM7.5-HR	m³	7.2641	658.1	4780.5	2.4756	658.1	1629.19	-3151.31		
106	450093	花岗岩石		m³	10	4500	45000	10	4500	45000			
107	550007	农药(综合)		kg	0.3	80	24	0.188	80	15.04	-8.96		
108	550012	肥料(综合)		kg	1.749	2.84	4.97	1.096	2.84	3.11	-1.86		
109	840004	其他材料费		元	5910.7248	1	5910.72	3035.6937	1	3035.69	-2875.03		
110	840006	水		t	10.938	6.21	67.92	6.8545	6.21	42.57	-25.35		
111	840027	摊销材料费		元	1676.92	1	1676.92	1200.6	1	1200.6	-476.32		
112	840028	租赁材料费		元	305.732	1	305.73	218.38	1	218.38	-87.35		
113	BCCLF0@1	沙坑材料费		元	1	15000	15000	1	15000	15000			
114	CL0241	其他材料费		元	44.7936	1	44.79	43.3084	1	43.31	-1.48		
115	CLFTZ	材料费调整		元	257.6048	1	257.6	185.609	1	185.61	-71.99		
三		配合比											
1	810005	1:2.5水泥砂浆		m³	2.79	289.39	807.4	2.79	289.39	807.4			

序号	材料编码	项目名称	规格、型号	单位	送审			审定			核减	核增	备注
					数量	结算价(元)	合价	数量	结算价(元)	合价			
四		机械											
1	800001	汽车起重机	5t	台班	4.2642	313.7	1337.68	4.2602	313.7	1336.42	-1.26		
2	800002	汽车起重机	8t	台班	0.024	490.6	11.77	0.024	490.6	11.77			
3	800006	载重汽车	4t	台班	0.02	179.7	3.59	0.016	179.7	2.88	-0.71		
4	800007	载重汽车	5t	台班	0.257	193.5	49.73	0.2442	193.5	47.25	-2.48		
5	800008	载重汽车	8t	台班	0.025	237.5	5.94	0.025	237.5	5.94			
6	800011	电焊机	(综合)	台班	54.0651	18.6	1005.61	4.882	18.6	90.81	-914.8		
7	800014	电动卷扬机	单筒慢速 5t	台班	0.7327	112.8	82.65	0.7327	112.8	82.65			
8	800064	套丝机	φ150	台班	0.45	14.4	6.48	0.45	14.4	6.48			
9	800065	电动煨弯机	100	台班	0.2654	86	22.82	0.02	86	1.72	-21.1		
10	800074	推土机	综合	台班	0.0543	452.7	24.58	0.0386	452.7	17.47	-7.11		
11	800117	蛙式打夯机		台班	0.9016	9.91	8.93	0.9016	9.91	8.93			
12	800138	灰浆搅拌机	200L	台班	2.1903	11	24.09	1.3526	11	14.88	-9.21		
13	800247	剪草机		台班	0.105	120	12.6	0.0658	120	7.9	-4.7		
14	800278	载重汽车	15t	台班	0.028	392.9	11	0.02	392.9	7.86	-3.14		
15	800281	履带式单斗挖土机	1.0m³	台班	0.1316	914	120.28	0.1316	914	120.28			
16	800285	喷药车		台班	0.036	400	14.4	0.0226	400	9.04	-5.36		
17	800289	自卸汽车	15t	台班	0.6026	532.9	321.13	0.6026	532.9	321.13			
18	840023	其他机具费		元	3033.265	1	3033.27	1009.6521	1	1009.65	-2023.62		
19	850009	绝缘电阻测试仪	3141	台班	1.3055	6.27	8.19	1.2855	6.27	8.06	-0.13		

· 244 ·　　工　程　结　算　与　决　算

序号	材料编码	项目名称	规格、型号	单位	送审			审定			核减	核增	备注
					数量	结算价(元)	合价	数量	结算价(元)	合价			
20	888810	中小型机械费		元	365.3562	1	365.36	353.0043	1	353	−12.36		
21	J00001	管理费		元	0.7402	1	0.74	0.7348	1	0.73	−0.01		
22	J00002	检修费		元	3.3269	1	3.33	3.3269	1	3.33			
23	J00003	台班折旧费		元	7.8816	1	7.88	7.7958	1	7.8	−0.08		
24	J00004	税金		元	0.9086	1	0.91	0.902	1	0.9	−0.01		
25	J00005	利润		元	0.4965	1	0.5	0.4929	1	0.49	−0.01		
26	J00007	安拆及场外运费		元	2.1999	1	2.2	2.1999	1	2.2			
27	J00009	台罐维修费		元	0.7702	1	0.77	0.7584	1	0.76	−0.01		
28	J00010	动力费		元	0.3917	1	0.39	0.3857	1	0.39			
29	J00011	计较费		元	0.3917	1	0.39	0.3857	1	0.39			
30	JX0313	中小型机械费		元	131.3186	1	131.32	126.9638	1	126.96	−4.36		
31	JXFTZ	机械费调整		元	5.331	1	5.33	3.9462	1	3.95	−1.38		
五		主材											
1	28-024@1	铜制终端头卡子		个	20.6	5	103	20.6	5	103			
2	36-001@2	控制电缆 YJV-3×4		m	203	52	10556	162.4	12	1948.8	−8607.2		
3	35-002@1	接地编织铜线		m	20	15	300	20	15	300			
4	27-067@1	光源室外照明灯		个	6.06	35	212.1	6.06	35	212.1			
5	29-001@1	电缆终端头		个	21	35	735	21	35	735			
6	Z00016@1	草书		10m²	3	65	195	1.88	65	122.2	−72.8		
7	28-014@1	金属线槽		m	25.125	72.75	1827.84	25.125	72.75	1827.84			
8	36-001@1	电缆		m	274.0736	93	25488.84	274.0736	93	25488.84			
9	27-001@1	室外照明灯		套	6.06	1600	9696	6.06	1600	9696			

编制人：　　　　　　审核人：　　　　　　审定人：

初审审减原因分析表

工程名称：×××市×××区第二实验小学操场运动场维修及电力改造工程　　　　　元

序号	专业	审减事项	审减金额	审减（增）原因	审核依据	主审人	备注
	操场运动场维修及电力改造工程						
1	部分运动场地维修改造	现浇混凝土地面	14512.31	工程量减少	依据竣工图计算工程量	×××	
2	新建领操台工程	砖基础	14257.98	工程量减少	依据竣工图计算工程量	×××	
5	室外电力改造工程	管道支架	54017.38	工程量减少	依据竣工图计算工程量	×××	
	操场照明	控制电缆	9327.20	工程量减少及材料价减少	依据竣工图计算工程量及询价	×××	
	总价合计：						

编制人：　　　　　　　　　　　　　　　　　　　　　　　　　　　编制日期：

初审审核金额汇总对比表

工程名称：×××市×××区第二实验小学操场运动场维修及电力改造工程　　　　　元

序号	专业	汇总内容	送审数据		调整金额		备注
			送审数据	初审数据	＋	－	
1		×××市×××区第二实验小学操场运动场维修及电力改造工程	514147.48	395644.54		118502.94	
	总价合计：		514147.48	395644.54		118502.94	

编制人：　　　　　　　　　　　　　　　　　　　　　　　　　　　编制日期：

委托方提供资料交接单（结算审核）

编制单位：　　　　　　　　　　　　　　　　　　　　　　　　　项目编号：总第　　　号

项目名称：×××市×××区第二实验小学操场运动场维修及电力改造工程		施工单位	×××城乡×××建设公司		
委托单位	×××财政局		监理单位		
委托范围	□全部造价内容（☑量和价　□签证　□索赔　□税费）其他：				
专业	☑建筑　☑装饰　☑安装　□市政　□房修　□绿化　□道路其他：				
是否经过竣工验收	☑是　□否	初审：☑是　□否	工程送审额	514147.48 元	
序号	资 料 名 称		份数	页数	备注
1	竣工结算书		1		
2	工程预算书		1		
3	设计概算				
4	施工合同、补充协议		1		
5	招标图纸（固定总价合同必须提供、图纸会审纪要）				
6	竣工图纸		1		
7	电子图		1		
8	设计变更单		1		
9	工程洽商记录		1		
10	招投标文件				
11	中标通知书				
12	未实行招标工程的施工单位资质证书				
13	相关取费文件				
14	工程材料价格确认文件				
15	建设单位供料明细表				
16	批准的施工组织设计文件				
17	工程开工报告、竣工报告				
18	其他有关影响工程造价、工期等的签证资料				
19	其他合同				
20	工程竣工验收资料				
21	其他：				
若非原件则该部分报审资料是否和原件一致：		一致	截止日：		
接收资料日期		提交人	×××级施工	电话/Email	
		接收人	×××	电话/Email	

　　填表说明：资料提交人应对资料的齐全、合法、真实和有效性负责，无特别原因请尽量提供原件，若不便提供原件，则需资料提交方签署和原件核对后的确认意见。

资料搜集及审查程序工作底稿

项目名称：×××市×××区第二实验小学操场运动场维修及电力改造工程

编制人：×××　审核人：×××　日期：××××年××月××日　资料接收人：×××

执 行 程 序	执行结果		底稿索引号
一、资料搜集程序			
1. 向委托方提交《资料交接清单》、《造价咨询资料提供须知》	☑已执行	□不适用	
2. 签收资料：复印件应当与原件核对后要求提交人签署复印件与原件一致的意见	□已执行	□不适用	
3. 由施工单位提供资料时须签署《资料齐全真实有效的承诺书》，同时应有委托方的书面意见	□已执行	☑不适用	
4. 上传资料：字迹清楚、符合电子存档的要求	□已执行	□不适用	
二、资料审查程序			
1. 所有与造价有关，作为证据支持审查结果的资料应逐一进行审查，编制《资料形式审查汇总说明》列示已审资料名称及发现问题	☑已执行	□不适用	
2. 从形式上进行审查，签字盖章、格式文本等方面是否合法有效，以职业怀疑态度作出有无弄虚作假问题的专业判断，并追加必要的程序	□已执行	□不适用	
3. 对洽商变更等具有合同性质的文件，都应当由承包方、发包方法人代表签字，加盖公章，或法人授权书授权的人签字方为合法有效的标志	□已执行	□不适用	
4. 通过《工程造价业务审查工作大纲》的编制，从实质上审查资料是否存在违背法律、显失公平、有歧义、有漏洞或表达不准确的问题	□已执行	☑不适用	
5. 依据项目特点进行风险评估，确定审核重点，提示出可能存在的执业争议问题，结合项目人员特点和在审项目情况合理制定审核计划、明确分工、落实审核职责	□已执行	□不适用	
6. 发现需要澄清的问题，通过《项目需补全和澄清资料的函》提请资料提供人及有关方面予以说明	□已执行	☑不适用	
7. 进入审核程序后补充的资料，在无确切的证据支持增加工程造价时，必须经法人代表签字并加盖公章	□已执行	□不适用	
8. 在日志窗口反映上述审查过程、结论、发表项目资料是否齐全、合法、真实、有效的意见	□已执行	□不适用	
三、资料复核程序			
复核人应通过审查工作底稿与客户的往来函件或重复资料审核程序完成复核，并对审核人的意见正确与否发表意见	□已执行	□不适用	
审计小结：			

资料形式审查汇总说明（结算审核）

项目名称：×××市×××区第二实验小学操场运动场维修及电力改造工程

序号	已审资料名称	审查内容	是否具备编审条件	不具备编审条件的处理措施和备注说明
1	竣工结算书	施工单位盖公章	是	
2	招标图纸（固定总价必须提供）	盖章签字齐全		
3	图纸会审记录	建设、设计、监理和施工单位负责人签认（4方）		
4	招标文件、答疑文件	是否原件，招标方式是什么？（在备注中说明）		
5	投标文件	是否原件，工程量清单和综合单价分析	否	
6	施工合同、补充协议	是否为原件	否	
		建施双方加盖了公章	是	
		是否采用合同范本或自行起草的文本		
7	竣工图纸	各专业图纸齐全、完整		
		有竣工图章及施工、监理负责人签字		
8	设计变更通知单	建设、设计和施工单位负责人签认（3方）		
9	工程洽商记录	建设、设计、监理和施工单位负责人签认（4方）	是	
10	建设单位供料明细表（甲供材）	合法人员签字齐全		
11	暂估价材料价格确认文件	合法人员签字齐全		
12	批准的施工组织设计文件	监理单位已审批		
13	工程竣工验收单	建设、设计、监理和施工单位负责人签字盖章（4方）	是	
14	工程建设其他费（二类费）的资料	监理合同、设计合同、招标代理合同等是否提供		

说明：此表和《委托方提供资料交接单》配套使用，对已提供资料进行分析，需要增加资料条目时可将此表复制作为附表，同时注明页数。

编制人：×××　　　　　　　　审核人：×××　　　　　　　　编制日期：2014.9.5

量价调整程序工作底稿

项目名称：×××市×××区第二实验小学操场运动场维修及电力改造工程

编制人：××× 审核人：××× 日期：××××年××月××日

执 行 程 序	执行结果		索引号
一、审核程序			
1. 编制《工程量计算底稿》，检查是否有少算、漏算和底稿不齐全现象，无需计算的项目应说明原因	☑已执行	□不适用	表 E5-2
2. 编制《材料价格询价记录表》，常规材料的询价应在三家以上，特殊材料无法询价的是否提交上级进行协助，最终定价依据应在表中进行说明	☑已执行	□不适用	表 E5-3
3. 编制《取费审查表》，检查取费是否符合约定或法规规定标准，是否有下浮、优惠等调整因素	☑已执行	□不适用	表 E5-4
4. 在日志窗口反映量价调整的审核过程和结果			
二、复核程序			
1. 复核人应通过全面检查执行人的工程量计算、套取定额、各种税费计算的底稿进行复核			
2. 当执行人不胜任时，复核人应帮助执行人进行返工，直至实现审核目标	□已执行	□不适用	
3. 在复核窗口发表复核意见			
审计小结：			

填表说明：

1. 编制人在执行情况处如实填制项目审查执行情况，如项目无该项审查内容应备注说明'不适用'或进一步说明情况；

2. 审核人应复核费用审查程序及审核结果是否正确，并填制复核意见。

工 程 取 费 审 查 底 稿

项目名称：×××市×××区第二实验小学操场运动场维修及电力改造工程

编制人：×××　审核人：×××

审　查　内　容	是	否	备注
1. 取费文件的时效性，执行的取费表是否与工程性质相符，价格差价调整是否符合文件规定？	√		
2. 计价程序是否符合规定，计价项目组成是否符合规定，没有发生的费用项目是否已剔除？	√		
3. 工程取费是否执行相应的计算基数和费率标准？	√		
4. 规费计费基数是否合规？	√		
5. 规费费率是否符合规定？	√		
6. 利润计费基数是否合规？			
7. 利润率是否符合规定？			
8. 税金的计费基数是否合规？	√		
9. 税率是否符合规定？	√		
10. 费率下浮或总价下浮的工程，变更或新增项目是否同比例下浮？			
11. 甲方提供材料、设备是否在税后扣除？			
审计小结：			

填表说明：

1. 编制人在执行情况处如实填制项目审查执行情况，如项目无该项审查内容应备注说明'不适用'或进一步说明情况；

2. 审核人应复核费用审查程序及审核结果是否正确，并填制复核意见。

初审结果审核程序工作底稿

项目名称：×××市×××区第二实验小学操场运动场维修及电力改造工程

审核人：×××　审定人：×××　日期：××××年××月××日

执 行 程 序	执行结果		底稿索引号
一、审核程序			
1. 大型、复杂、多项目组参与的批量项目或疑点较多的项目，在汇总初审结果前应召开主要参与人员的讨论会，对需要注意、统一和规范的事项逐一落实，并形成《讨论稿》，与会人员会签后下发项目组执行人员，同时做好组内的交底，保证初审结果的准确性	□已执行	□不适用	表 F6-2
2. 编制《初审审核汇总对比表》，汇总项目尽量和送审保持一致，要求金额准确、不缺项漏项，额外增加项目应备注说明	☑已执行	□不适用	表 F6-3
3. 编制《审减（增）原因分析表》，对审减（增）金额在万元以上的项目逐项说明增减金额、调整原因、并注明主审人员	☑已执行	□不适用	表 F6-4
4. 编制《审核范围审核事项检查表》，检查初审结果的范围是否清楚明确，是否有漏审事项	☑已执行	□不适用	表 F6-5
5. 完成组内复核，并编制《组内初审结果复核底稿》	□已执行	□不适用	表 F6-7
6. 完成部门内部复核，并编制《部内初审结果复核底稿》	□已执行	□不适用	表 F6-8
7. 执行人对于各级复核意见应逐项反馈，同时对合理意见进行相应调整	□已执行	□不适用	
8. 编制《进一步沟通调查核实的事检查表》，逐项说明存在问题，拟采取的调查核实途径	□已执行	□不适用	表 F6-6
9. 在日志窗口反映初审结果的审核过程和结果	□已执行	□不适用	
二、复核程序			
1. 复核人应通过听取汇报、抽查有关底稿完成复核程序，并编制《质量监督部初审复核底稿》；			
2. 当执行人不胜任时，复核人应帮助执行人进行返工，直至实现审核目标；	□已执行	□不适用	表 F6-9
3. 在复核窗口发表复核意见			
审计小结：			

初审结果审核范围和审核事项检查表

编制人：×××　审核人：×××　编制日期：××××年××月××日

项目名称：×××市×××区第二实验小学操场运动场维修及电力改造工程		类别	建筑工程
审核范围：		是否与委托范围一致	

	事 项 名 称	执行结果	
审核事项	1. 核实是否用商品混凝土，垂运费是否扣减	☑已执行	□不适用
	2. 核实现场土方是否外弃	☑已执行	□不适用
	3. 基础外回填灰土是否考虑人工乘 0.7 系数	□已执行	□不适用
	4. 金属构件包含防锈漆一道，是否审查	□已执行	□不适用
	5. 暂估价材料是否按照审批价或市场价调差	□已执行	□不适用
	6. 对应图纸和报审结算是否每项均核实工程量	☑已执行	□不适用
	审计小结：		

填写说明：

1. 编制人应当与资料交接清单中的委托范围进行确认是否一致，不一致时应当及时沟通落实，特殊情况应当说明原因。

2. 审核人应当在审计小结中对编制人是否已经按照要求的审核范围完成了相应范围内的审核事项发表意见。

初审结果审核范围和审核事项检查表

编制人：×××　　审核人：×××　　编制日期：××××年××月××日

项目名称：×××市×××区第二实验小学操场运动场维修及电力改造工程	类别	安装工程
审核范围：	是否与委托范围一致	

事　项　名　称	执行结果	
1. 电缆超三芯的是否乘系数	□已执行	□不适用
2. 是否计取系统调试费、脚手架、超高等措施费	☑已执行	□不适用
3. 各种给排水管材、阀门是否按设计压力选定材料价格	□已执行	□不适用
4. 镀锌管材是否重复计取除锈及防锈漆	□已执行	□不适用
5. 价格信息上没有的材料是否做市场询价并有询价底稿	☑已执行	□不适用
6. 对应图纸和报审结算是否每项均核实工程量	☑已执行	□不适用

（左侧竖排：审核事项）

审计小结：

（初审结果）复核工作底稿

项目名称：	×××市×××区第二实验小学操场运动场维修及电力改造工程				
复核人：	×××	复核日期：	××月××日	编号：	
项目类型：	建筑专业	复核方法：	☑全面审查　　□重点审查　　□抽测		
报审金额：	514147.48元	审定金额：	395644.54元	审减金额：118502.94元	％

复核意见	复核意见： 人材机价格按照合同内的价格记取。 工程量有个别调整。 合同内综合单位价不做调整。 以上已改。

项目预算审核验证审定表

元

项目名称	×××市×××区第二实验小学操场运动场维修及电力改造工程			审增金额	审减金额		
		送审金额	514147.48			定案金额	395644.54
建筑面积（m²）					118502.94		

委托单位：		申报单位：
（公章）　　　　　　　　（公章）		（公章）
负责人签章　　　　　　　负责人签章		负责人签章
年 月 日　　　　　　　年 月 日		年 月 日
备注：		

工程造价预算审核汇总表

工程名称：×××市×××区第二实验小学操场运动场维修及电力改造工程　　　　　　　　　元

序号	单项工程名称	送审金额	审定金额	无法确认金额	审增（＋）减（－）金额	审增（减）比例	备注
1	×××市×××区第二实验小学操场运动场维修及电力改造工程	514147.48	395644.54		－118502.94	－23.05％	
	合计：	514147.48	395644.54		－118502.94	－23.05％	

×××市×××区第二实验小学操场运动场维修及电力改造工程计算底稿

部分运动场地维修改造

项目名称	单位	工程量计算式	数量
平整场地	m^2	206.84	206.84
C10 混凝土	m^3	206.84×0.05	10.34
墙面砂浆找平层	m^2	47.25×0.3	14.18
砖砌体	m^3	0.26×3	0.78
新建领操台工程			
平整场地	m^2	9×3.78+0.81×2	35.64
垫层	m^3	3.78×0.24×0.1×2+(9-0.48)×0.24×0.1×2+8.52×0.24× 0.1+3.3×0.24×0.1	0.87
实心砖墙	m^3	9×3.78×(1.88-1.2-0.1)	19.73
石材台阶面	m^2	0.81×2	1.62
墙面一般抹灰	m^2	(9+3.78+3.78)×0.68-0.9×0.68×2	10.04
铺种草皮	m^2	47×0.4	18.8
砖基础	m^3	3.78×0.24×1.2×2+(9-0.48)×1.2×0.24×2+(9-0.48)× 1.2×0.24+(3.78-0.48)×1.2×0.24	10.49
室外电力改造工程			
打墙洞	个	3	3
管道支架	kg	200	200
综合脚手架	m^2	200	200
操场照明			
控制电缆	m	(9.605×2+48.594)×2+24.39	160

5.3　工程竣工决算审查常见问题及经验总结

5.3.1　工程竣工决算审查常见问题

1. 项目管理方面

通过对项目立项、项目可行性研究、项目初步设计、项目施工图设计、征地拆迁等程序性内容进行审核，我们认为大部分的项目基本上执行了基本建设程序，但又都在某个环节存在问题，如有的没有概算，有的没有预算，有的总投资下达时间较晚。例如，在我们审计的某项目中，发现该项目主体工程于 2010 年开工建设，而概算总投资、建设征地、建设用地规划许可证等文件分别于 2013 年 10 月、2011 年 12 月、2012 年 12 月才批复，属于"边审批、边设计、边施工"的"三边"工程。

系统内同体建设问题。在某项目审计过程中，建设、拆迁、设计、施工、监理、质监等参与单位基本上属于同一系统，形成了"系统内同体建设"。这样不利于建设项目投资控制和保证工程质量。

(1) 项目法人制执行情况。一般项目都能较好地执行，但也存在一些问题，如有的建设单位自身不与施工单位进行结算，而是通过第三方与施工单位进行工程结算，再由第三方与建设单位结算，既增加了管理环节，又需要向第三方支付一定的费用，未切实履行项目法人职责。例如，某项目 2010 年至 2012 年期间，建设单位通过第三方与施工单位进行结算，第三方从中收取管理费为 278.44 万元，该笔费用占建设单位管理费的 37.7%。

(2) 招投标制执行情况。主要问题在于招投标不规范，经过审计发现部分标底与招标文件不一致，而部分投标文件与标底又完全一致。

(3) 施工合同制执行情况。主要在于施工合同签订不规范，如工程承包范围、工作内容不明确；实际结算方法及索赔与合同约定不一致，未严格执行合同。

(4) 监理制度执行情况。一般都能较好地执行，但部分项目缺乏监理的签字。

2. 资金来源与投入循环

根据审查，例如，在某工程中项目资金拨款与工程进度不同步，该工程从 2010 年至 2014 年竣工验收时，上级主管单位向建设单位累计拨款 36710.26 万元，仅为批复的概算总投资 75736.6 万元的 48.47%。由于拨款不到位导致工程建设需要大量银行借款，从而利息费用超支 6000 余万元。

同时由于审查范围受到限制，一般无法对项目上级主管单位进行延伸审计，导致无法了解资金滞留的具体情况。

在审查过程中，我们发现项目主管单位存在以代为偿还借款利息或直接以其他名目列支工程成本的方式占用项目资金、虚列工程成本的现象。

在某项目审查中，常有项目上级主管单位通过上述方式占用项目建设资金 290 余万元，虚增拨款 500 万元。

有的项目需要建设单位自筹一定比例资金，在建设过程中建设单位往往先投入部分自筹资金然后抽回，在竣工决算时形成建设单位的工程财务对生产财务的大量应收款项，实质上是自筹资金不到位。

例如，在某项目的审查中，发现与批复概算相比，建设单位自筹资金少近 1 亿元，同时还有对生产财务的 5000 余万元的应收款项。

审查过程中，还有个别项目财政资金除了按照概算总投资的批复在建设期代为偿还银行借款、地方国债等事项导致竣工决算时财政拨款增加外，也存在多拨付资金的情况。

3. 资金使用与投资支出循环

有的项目没有结算审计或审核环节，造成工程成本得不到控制，事后的审计对控制工程造价约束力小。

在审计过程中，我们发现某整治项目，由于该工程的结算没有经过中介机构的审计，同时也未能发现建设单位的内部审核记录，工程建设支出基本按照施工单位所报的预算书支付，对于大量的洽商和隐蔽工程也没有记录。

（1）虚计工程量问题，主要存在多计开挖土方工程量、土方回填重复计算、实际工程量不足仍按照预算数进行结算等。如某项目审计中发现，多计土方量 30 余万 m^2，多计支出近 1000 万元。尤其是某单项主体工程的土方开挖量与按照图纸计算的土方开挖量相差近一倍，建设单位解释是地形地貌变化，但涉及如此大的设计变更，设计单位没有变更设计后的图纸，仅仅对此事进行了说明。

（2）虚套子目及单价问题，主要存在高套单价或定额使用错误。

（3）未按规定扣除定额中已包含的施工单位施工用水、用电的费用，以及大量不合理的发电机台班签证等。

（4）签定拆迁包干协议的拆迁项目，发生大量的协议外费用。我们在某工程审计中，发现在拆迁包干协议和增量补充协议并足额支付相关费用外，还发生拆迁费用 2438 万元。但协议外发生的费用又属于包干范围内，由于审计范围的限制，无法对包干内费用使用情况进行延伸审计，所以对协议外费用发生的合理性无法准确审计。

（5）同一拆迁工作重复计费，以及超标准支付拆迁费。

（6）征地后未及时办理转工转居，导致在支付正常转工转居费用后又增加大量的补偿费用，在某项目审计中我们发现这类额外费用支出，如生活补偿费为 879 万元。

（7）各级政府部门确定的安置标准不一致，导致有关费用"就高不就低"。如我们在某项目审计过程中，发现建设单位实际按照某区政府主管部门审定的补偿标准应支付某 17 亩鱼塘安置补助费为 286.11 万元，但按照××市土地局批准的补偿安置方案书以及京政地〔××××〕86 号文规定的补偿标准应补偿 58.26 万元，超标准补偿部分 227.85 万元。

（8）以政府名义收费、摊派较多，提高了工程成本。在某项目审计中，我们发现建设单位在按照原转工转居标准进行补偿后，再按每人 5000 元的标准向所在地的三个乡政府支付劳动力再就业基金共计 421.5 万元。经审计，该笔基金收费未经××市政府部门批准，没有相关的收费文件。

同时我们也发现，待摊费用与生产性费用的划分混淆，未严格划分资本性支出和收益性支出。

主要体现在：建设单位管理费与生产单位管理费不分、贷款利息资本化额度确认和分割不清、交付使用资产的开办费等几个方面。

部分项目资金占用中存在较大金额的器材、存货、预付及应收款项、固定资产（建设单位用）。

例如，在某项目审计中，竣工决算时还存在 1500 余万元的结余原材料与器材，同时也还有对建设单位的 5000 多万元的流动资金借款。在某项目审计中，我们发现建设单位曾购买商品房 100 余套，共计价款 2271.9 万元用于拆迁安置，但实际上并不需要该笔支出，导致房屋闲置，经市计委批复转出投资，作为"其他应收款"处理，但截至审计日仍未收回，造成财政资金浪费。

工期较长、分期建设的项目之间，前面项目挤占后面项目的成本，无法核对其支出的合理性。审计过程中，我们发现大部分项目是分期建设的，工期长达 10 多年，往往前面几期工程竣工决算后，又在后期工程中列支工程成本。

由于无法取得前期竣工决算审计的报告或无法获得前期工程审计报告中预留费用的明细项目，而建设单位又提供了相关的结算资料，所以在后期审计过程中，无法审定前期费用的真实合理性，但考虑到整体工程完工的事实，对于有些费用也不得不将其确认为整体工程的成本。

4. 资金交付循环

审查过程中，部分建设单位对于确定交付资产的价值不理解。有的做法是直接交付建安工程、待摊投资或建设单位管理费，并没有按照单项主体工程进行交付。而有的建设单位由于在财务核算时就没有按照单项主体工程进行核算，而是按照建设规模中的大项进行核算，导致在交付时就是简单地大项资产的价值，无法分清具体单项工程的价值，这给交付资产以后的折旧计提（财务上需要分类别提取）、产权确认与重组、改制等问题带来了较大困难。

由于待摊费用包含直接费用（如监理费、设计费等）和间接费用（如建设单位管理费、贷款利息等）。

在审查过程中，有的部分项目待摊费用的分摊没有明确的比例和原则。

建设项目形成的资产不仅仅包括基本建设支出形成的交付使用固定资产，还包括建设项目资金占用所形成的器材、货币资金、预付与应收款项、建设用的固定资产，但往往有些建设单位对于后者不进行资产交接（一般资产交接主要是使用单位和建设单位就基本建设项目固定资产进行交接），对于建设项目资金占用所形成的器材、货币资金、预付与应收款项、建设用的固定资产形成了一定的空白，容易造成国有资产的流失。

5. 财务管理与内部控制方面

在会计核算、科目设置等方面不符合《国有建设单位会计制度》规定，主要表现：

（1）建安工程投资未按单位工程进行明细核算，并且明细科目未保持一致性，造成无法准确核算单项主体工程的建安工程投资；

（2）部分工程结算单未标明具体的工程项目；

（3）科目记录错误。

在审查过程中，我们发现大部分的建设单位未编制工程款支付计划，未严格按照实际工程进度付款。

一般工程都未及时编制竣工决算报表。财政部、各行业的规定一般是三个月。

按照《××市基本建设财务管理规定》第三十六条规定："基本建设项目竣工交付使用验收合格后，应在三个月内编制基本建设项目竣工财务决算。"我们审计的项目，大部分都没有严格执行此规定。

送审报表不准确，账、表存在差异，甚至有一些单位自身无法编制送审报表。

无财务情况说明书，或说明书太简单，不能说明任何问题。

5.3.2　工程竣工决算审查注意事项

（1）工程竣工财务决算审计主要是确定固定资产价值、同时对财政投资的概预算执行情况进行评价、对财政投资项目的经济效益、社会效益进行评价，为提高政府投资项目效益、改善政府投资决策提供支持和依据。因此，应该在"审"的基础上，加强"评"的成分，"评""审"应并重。

（2）在以后的工程竣工财务决算审计工作重心应逐步地向评价方面转移，加强对财政投资的概预算执行情况、财政投资项目的经济效益、社会效益进行评价，为改善政府财政投资项目决策提供支持。同时，在审计报告格式中就应该增加资金使用进度、预算执行情况分析、完善和加强经济与社会效益评价内容。

评审工作根据审计操作规程，出具了专业的审计报告，但在与建设单位、其上级主管部门、财政部门沟通时，有关单位和人员提出承认我们的专业工作和审计结论，同时又要考虑到财政批复的操作性和核减金额的可收回性，如有的项目涉及政府收费、施工单位破产等实际情况，因此，面临着较大压力。

（3）审计报告是专业机构根据有关规程、准则、规则进行审计的结果，而对审计报告的批复和处理决定是行政部门根据审计结论考虑到各方因素进行判断的结果，二者具有联系但也有差别，因此不能将二者等同，不能要求中介机构考虑批复和处理的可行性出具报告。加大审计力度，尤其是加大对建设单位主管行政部门的力度。

建设资金基本是从财政部门拨付给建设单位主管部门，再由其拨付给项目建设单位，这样增加了资金流转环节，会滋生挪用、截留、挤占建设资金的现象。而接受审计的单位一般是建设单位，又无法对建设单位主管行政部门进行审计，这样就对资金的拨入与到位情况无法准确地了解。

5.3.3　工程竣工决算与工程结算审查的区别

1. 依据不同

（1）工程竣工财务决算审查。竣工决算审计主要根据《中华人民共和国审计法》和相关规定，对建设项目竣工决算进行审计，主要审查概（预）算在执行中是否超支，超支原因，有无隐匿资金；隐瞒或截留基建收入和投资包干结余以及以投资包干结余名义分基建投资之类的违纪行为等。审计内容为：①竣工决算编制依据；②项目建设及概（预）算执行情况；③建设成本；④交付使用资产；⑤尾工工程；⑥结余资金；⑦基建收入；⑧投资包干结余；⑨投资效益评价。

(2) 工程结算审查。工程结算审计主要是根据国家有关法规和政策，依据国家建设行政主管部门颁发的工程定额、工程消耗标准、取费标准以及人工、材料、机械台册价格参数、设计图纸和工程实物量，对工程造价的确认和控制进行有效的监督检查。在工程项目实施阶段，以承包合同为基础，在竣工验收后结合施工变更、工程签证的情况，作出符合施工实际的竣工造价表，它是承发包双方结算的依据，也是工程决算的基础资料和依据。

2. 标的不同

(1) 工程竣工财务决算审查。工程竣工财务决算审查以基建项目为标的，包括资金来源、基建计划、前期工程、征用土地、勘察设计、施工实施的一切财务收支。

(2) 工程结算审查。工程结算审查以单位工种为标的，只对单位工程造价的合理负责。

3. 从业人员不同

(1) 工程竣工财务决算审查。工程竣工财务决算审计以会计师、审计师为主；

(2) 工程结算审查。工程结算审计以工程经济和工程技术人员为主。目前国家正在实行注册造价工程师制度，工程结算审计，以造价工程师为主。

4. 法律效力不同

(1) 工程竣工财务决算审查。审计机关和被审计单位是一种审计行政法律关系，审计机关的审计监督只对被审计单位产生法律效力，对其他单位不产生连带法律约束力。凡对建设单位投资项目进行的审计结果，对施工单位的造价结算不具有约束力。

(2) 工程结算审查。工程结算审计以施工承包合同为基础，以承发包双方发生的实物交易为依据，按照国家或地方施工工、料、机消耗标准进行核算，对双方有约束力。其工程结算审核结果可作为双方结算的法律依据。

5. 目的不同

(1) 工程竣工财务决算审查。工程竣工财务决算审查的目的是加强对投资者资金进行有效的控制，减少投资者滥用职权截留资金，转移资金于小金库，造成建设资金流失等违法违规行为。其职能是一种监督行为。

(2) 工程结算审查。工程结算审查是运用科学、技术原理和经济法律手段，解决工程建设活动中工程造价的确定与控制，从而达到提高投资效益的经济效益目的的行为，是确定造价的实施过程和行为。

5.3.4　工程竣工决算审查经验总结

1. ×××中心城十一号路市政工程竣工决算审计

(1) 工程概况。该工程位于××区中心城，南起××大道，北至三十八号路。经区计划局（深龙计〔××××〕×××号文）下达投资计划，计划投资 982 万元，投资规模为建设一条长 392.16m、宽 65m 的城市主干道，后经区领导批准增加施工排洪箱涵和区政府常务会议纪要（四届十八次）同意对该工程因施工现场地形地质变化、修建临时便道 2 项设计变更引起的增加投资予以确认。该工程属于原土地储备开发中心历史遗留问题，于

1999 年 6 月由××市规划国土局××分局主持进行了邀请招投标，但因为×××征地拆迁问题，延期到 2003 年 8 月签订施工合同。该工程建设单位为区建筑工务局（原为区土地储备开发中心），设计单位为××市×××工业技术有限公司，监理单位为××市××建设监理有限公司，施工单位为××市××运输工程实业有限公司，勘察单位为××地质建设工程公司。该工程于××××年 10 月 20 日开工，××××年 12 月 20 日竣工。

（2）工程造价审计情况。该项目结算已经××市××工程造价咨询有限公司初审，送审造价为 14935746.73 元，审定造价为 14690075.17 元，核减金额 245671.56 元，核减率为 1.64%。

（3）工程财务收支情况。该工程至审计时止，区财政已拨款 852.65 万元，已付工程款 8202921.02 元，相对审定造价 14690075.17 元，未付工程款为 6487154.15 元。

（4）存在问题。

1）多计工程造价 245671.56 元。主要原因是：挖路基土方类别有误、临时排水工程类别套价错误等，共多计造价 245671.56 元。

2）多付工程款 37057.66 元。工程勘察费审定为 91742.34 元，已付款为 128800.00 元，多付给×××市××地质建设工程公司 37057.66 元。

（5）审计处理意见。

1）对多计工程造价 245671.56 元的问题，根据《建设项目审计处理暂行规定》第十四条规定，应予以调减，工程造价以审定造价 14690075.17 元进行结算。

2）对多付工程款 37057.66 元的问题，根据《建设项目审计处理暂行规定》第十四条关于建设单位已签证多付工程款应予以收缴的规定，多付给××市××地质建设工程公司 37057.66 元建设单位应负责追还。以审定工程勘察费 91742.34 元进行结算。

2. ×××线 K40 + 680 - K42 + 500 路段中央绿化带增设隔离栏工程竣工决算审计

（1）工程概况。本工程为××区政府投资项目，总投资额为 54 万元，该项目资金由区政府和××办事处各负担一半。工程主要内容是××线 K40 + 680 - K42 + 550 路段中央绿化带增设隔离栏，工程××××年 11 月开工，××××年 1 月竣工。××市××交通设施有限公司抽签中标实施，监理单位是××××公路桥梁监理咨询公司。经相关单位共同验收已完成合同约定的工程量，评定工程质量等级为合格。

（2）工程造价审计情况。该工程经建设单位及××区工程造价管理站审核，送审造价为 469442.32 元，审计审定造价为 467751.66 元，核减造价 1690.66 元，核减率为 0.36%。

（3）工程财务收支情况。该工程审定总造价为 467751.66 元，至审计时止，区公路局分别收到区财政及××街道办各拨入 27 万元，共计 54 万元。该工程已支付工程款 419534.50 元，尚未支付工程款 48217.16 元。

（4）存在问题。

1）多计造价 1690.66 元。多计的主要原因：送审的招标代理费未按国家计委印发的《招标代理服务收费管理暂定办法》的规定执行，核减造价 1690.66 元。

2）多付工程款 1690.66 元。经审计核查，多付××市××建设监理有限公司招标代理费 1690.66 元。

3）结余项目资金 72248.34 元。该项目根据深龙发改〔××××〕231 号立项文件，计划总投资 54 万元，区公路局分别收到区财政及××街道办各拨入 27 万元，共计 54 万元。工程审定造价 467751.66 元，结余项目资金 72248.34 元。

（5）审计处理意见。

1）多计工程造价 1690.66 元问题，根据审计署等六部委联合制定的《建设项目审计处理暂行规定》第十四条关于工程价款结算中多计少计的工程款应予以调整的规定，工程造价以审定造价 467751.66 元进行结算。

2）对多付工程费用 1690.66 元的问题，根据《建设项目审计处理暂行规定》（审投发〔1996〕105 号）第十四条规定，建设单位已多付款工程的，应予以收回。

3）对结余项目资金 72248.34 元的问题，根据《基本建设财务管理办法》第十五条的规定，区公路局应将结余项目资金及时分别返款区财政及××街道办各 36124.17 元，共计 72248.34 元。

3. ×××卫生监督分所办公用房室内装饰配套工程竣工决算审计

（1）工程概况。该工程位于×××街道人民路 15－17 号，属于×××卫生监督分所租赁民房进行整理改造后用于办公和预防保健的装饰工程，经××××年 7 月 21 日区政府常务会议纪要（三届二十次）第十八条同意政府补助 100 万元，其余资金自筹。该工程已经过公开招投标，预算造价为 137 万元，中标合同价为 107.06 万元。其工程规模是对结构为框架（5 层）、建筑面积为 1441.13m^2 的原有民房进行装修。该工程建设单位为区×××卫生监督分所，设计单位为××市××装饰设计工程公司，监理单位为××市×××建设监理有限公司，中标施工单位为××工程有限公司。该工程于××××年 1 月 15 日开工，××××年 9 月 15 日竣工验收。

（2）工程造价审计情况。该项目结算已经××市××工程造价咨询有限公司审核，送审造价为 1525449.22 元，总审定造价为 1362096.53 元，核减金额 163352.69 元，核减率为 10.71%。

（3）工程财务收支情况。该工程于××××年 11 月收到区财政补助 100 万元。至审计时止，本项目共支付工程款 1177125 元，对比审定造价 1362096.53 元，未付款为 184971.53 元。

（4）存在问题。

1）多计工程造价 163352.69 元。多计造价的主要原因是：①未按合同制定的固定单价执行，核减 8987.22 元。②未严格执行合同规定材料调差条款，核减 138371.83 万元。③其他原因核减 15993.64 万元。

2）多付招标代理费 7654 元。按国家计委关于印发《招标代理服务收费管理暂行办法》的通知（计价格〔××××〕1980 号文）规定，审定招标代理费为 7346 元，对比已付款 15000 元多付了 7654 元。

（5）审计建议及处理意见。

1）对多计工程造价 163352.69 元的问题，根据《建设项目审计处理暂行规定》第十四条规定，应予以调减，工程造价以审定造价 1362096.53 元进行结算。

2）对多付招标代理费 7654 元的问题。根据《建设项目审计处理暂行规定》第十四条规定，多付给××市××建设监理有限公司 7654 元应予以收缴。

4. ×××区政府采购中心办公室装修工程竣工决算审计

（1）工程概况。该工程位于×××区中心×××园内，根据区发改局计划安排（××
×发改固投资〔××××〕××号）本装修工程计划投资为168.14万元（不含厨房项目、
空调项目、防火墙及交换机项目、办公家具项目、设备添置及窗帘项目、局域网系统及电
子监控系统等项目），资金来源为区财政。本项目主要内容是：室内装饰工程及其相关费
用等。建设单位为×××区政府采购中心，经邀请招标中标施工单位为×××市×××装
饰设计工程有限公司；设计单位为×××市×××建设集团有限公司；监理单位为×××
市×××建设监理有限公司。该工程于××××年9月开工，第二年10月竣工并交付使
用，经有关部门验收，质量评定等级为合格。

（2）工程造价审计情况。该工程在××市××工程造价咨询有限公司结算审核的基础
上进行审计。送审造价为1593960.21元，审计审定造价为1584458.64元，核减金额
9501.57元，核减率为0.6%。

（3）工程财务收支情况。至审计时止，区政府采购中心共收到区财政总拨入项目款
1975300元（含厨房项目、空调项目、防火墙及交换机项目、办公家具项目、设备添置及
窗帘项目、局域网系统及电子监控系统等项目），但无法区分本装修项目与其他项目的具
体拨入款金额，本装修项目已支付工程款1128774元，对比审定造价1584458.64元，尚
有455684.64元工程款应付未付。

（4）存在问题。多计工程造价9501.57元。造价核减的主要原因：①装饰签证工程部
分工程量及项目的调整，核减工程造价4909.46元。②安装签证工程部分项目与标底重复
计价，核减工程造价4592.11元。

（5）审计处理意见。对多计工程造价9501.57元的问题，根据《建设项目审计处理暂
行规定》第十四条的规定，应予以调减，以审定造价1584458.64元进行结算。

5. ×××文化中心配套服务楼工程竣工决算审计

（1）工程概况。本工程位×××区文体中心东北角，三层框架，建筑面积2988m²，
属委托代建的文体中心大楼为主体的配套服务楼项目，管理费及其他费用按建设局与大贸
公司（××市××实业有限公司）签订的《工程项目合作建设协议》执行，根据区政府四
届三十一次常务会议精神及区发展和改革局委托进行审计，计划投资为571万元（×××
计〔××××〕×××号），总造价为733万元，资金来源为区财政。该项目主要内容是：
土建工程、给排水消防安装工程、装饰配套设备及其他费用等。建设单位为×××区文体
局，代建单位为××市××实业有限公司，施工单位为×××建设公司×××分公司，设
计单位为×××大学建筑设计研究院×××分院，监理施单位为×××市××建设监理有
限公司。该工程于××××年2月开工，并于当年11月竣工并交付使用。

（2）工程造价审计情况。该工程在×××市××工程造价咨询有限公司结算审核的基
础上进行审计，送审造价为7392241.20元，审定造价为7227133.34元，核减金额
165107.86元，核减率为2.23%。

（3）工程财务收支情况。至审计时止，×××市××实业有限公司共收到区财政拨入
工程款5140000元，该工程实际已支付工程款5140000元，对比审定造价7227133.34元，

尚有 2087133.34 元工程款应付未付。

(4) 存在问题。多计工程造价 165107.86 元。造价核减的主要原因：

1) 土建、搅拌桩工程部分工程量及定额套价调整，核减工程造价 9.35 万元。

2) 普装工程中屋面构件油漆项目重复计算及多算二次搬运费，核减工程造价 2.2 万元。

3) 幕墙、门窗项目玻璃主材单价按信息价调整，核减工程造价 3.51 万元。

4) 安装工程及其他零星项目调整，核减工程造价 0.94 万元。

5) 造价咨询费及代建工程管理费按审定造价调整，核减工程造价 0.51 万元。

(5) 审计处理意见。对多计工程造价 165107.86 元的问题，根据《建设项目审计处理暂行规定》第十四条规定，应予以调减，以审定造价 7227133.34 元进行结算。

6. ×××质检站 2000t 静载试验钢梁工程竣工决算审计

(1) 工程概况。区质检站为了加强对桩基础的变形检测工作，购置 2000t 静载试验承重钢梁检测设备。该设备由区建设局请示购置，经公开招标中标人为××省××建筑有限责任公司，中标价下浮 10% 作为合同价。购置设备所需费用在质检站收费收入中解决。该设备由××市建筑设计研究总院设计，工程于××××年 5 月 30 日开工，××××年 12 月 31 日竣工。

(2) 工程造价审计情况。该项目经建设单位及××市××工程造价咨询有限公司审核，送审造价为 1744098.54 元。经审计，审定造价为 1722303.36 元，核减 21795.18 元，核减率 1.2%。

(3) 工程财务收支情况。根据区财政局深龙财意〔2006〕82 号文件，本项目所需费用在质检站收费收入中解决。经查证，已付工程相关款项 866649.42 元，未付工程相关款项 855653.94 元。

(4) 存在问题。多计工程造价 21795.18 元。多计原因是：

1) 多计主梁垫板，重量为 2.45t，核减造价 19553.07 元；

2) 预算编制费多计 2242.11 元。

(5) 审计意见及建议。对多计工程造价 21795.18 元问题，根据《建设项目审计处理暂行规定》第十四条规定，应予以调减，以审计造价 1722303.36 元结算。

7. ×××劳动就业服务大楼工程竣工决算审计

(1) 工程概况。×××市×××区劳动就业服务大楼工程位于中心城清林中路，由×××计〔××××〕×××号文下达计划，该计划总投资 1000 万元，后来由于扩建，于××××年调整计划为 2000 万元。该工程建成后为一栋地上 11 层（部分 7 层），地下 1 层的办公大楼，总建筑面积 13338m²。工程建设单位为区劳动局，大楼主体施工单位为××市×××集团有限公司××分公司，监理单位为××市×××建设监理有限公司，设计单位为×××建筑设计院。工程于××××年 3 月 1 日开工，××××年 1 月 30 日竣工验收为合格。

(2) 工程造价审计情况。该工程经××市×××工程咨询有限公司结算初审，送审总造价为 27926883.96 元，现审定造价为 26134955.09 元，核减造价 1791928.87 元，核减率为 6.42%。

（3）审计评价。审计结果表明，建设单位在工程管理方面，依法进行了公开招标，但存在工程结算价超合同价的问题；在财务管理及会计核算方面，会计资料较完整，所披露的会计信息基本真实地反映了建设资金的来源和运用情况；在投资计划执行方面，建设单位控制计划投资不严格，存在项目投资超计划问题。

（4）工程财务收支情况。至审计时止，×××区劳动局收到区财政拨款 1830 万元，各省市驻深劳动管理站×××分站收费分成 4215074.52 元，共计 22515074.52 元。区劳动局已付工程款 21679115.42 元，对比审定造价 26134955.09 元，未付工程款为 4455839.67 元。

（5）存在问题。

1）多计工程造价 1791928.87 元。主要包括：①主体工程多计工程造价 1709738.04元。②一至三层装饰工程多计工程造价 25071.82 元。③多计工程建设费用 57119.01 元。

2）项目投资超计划。该项目计划总投资为 2000 万元，审定的实际投资额为 26134955.09 元，超计划投资 6134955.09 元，超计划投资比例为 30.67%。其主要原因：增加 1~3 层二次装饰工程；提高地砖与墙漆的档次；由于前期勘察及设计深度不够，造成实际桩基工程量大幅增加。

3）多付 1~3 层装饰工程招标代理费 4824 元。该招标代理费送审价为 16000 元，现审定价为 11176 元，对比已付款 16000 元，多付招标代理费 4824 元。

（6）审计建议及处理意见。

1）对多计工程造价 1791928.87 元的问题，根据《建设项目审计处理暂行规定》第十四条规定，应予以调减，工程造价以审定造价 26134955.09 元进行结算。

2）关于项目投资超计划的问题，建设单位在今后的项目管理中，应严格执行《××区政府投资项目管理办法》的相关规定，按照下达的投资计划和经批准的项目总概算进行造价控制，避免类似问题再次发生。

3）对多付 1~3 层装饰工程招标代理费 4824 元的问题，依据《建设项目审计处理暂行规定》第十四条规定，多付给××市××建设监理有限公司的 4824 元应予以追回。

参 考 文 献

[1] 中国建设工程造价管理协会. 建设项目全过程咨询规程 [S]. 北京：中国计划出版社，2009.

[2] 中国建设工程造价管理协会. 建设项目工程结算编审规程 [S]. 北京：中国计划出版社，2010.

[3] 中国建设工程造价管理协会. 建设项目工程竣工决算编制规程 [S]. 北京：中国计划出版社，2013.

[4] 全国一级建造师执业资格考试用书编写委员会. 建设工程经济 [M]. 北京：中国建筑工业出版社，2014.

[5] 苗曙光. 土建工程造价答疑解惑与经验技巧 [M]. 北京：中国建筑工业出版社，2013.

[6] 张毅. 建设项目造价费用 [M]. 北京：中国建筑工业出版社，2013.

[7] 全国造价工程执业资格考试培训教材编审委员会. 工程造价管理基础理论与相关法规 [M]. 北京：中国计划出版社，2006.

[8] 全国造价工程师执业资格考试培训教材编审委员会. 建设工程技术与计量（土建工程部分）[M]. 北京：中国计划出版社，2006.